U0246272

THiNKr
新思

新 一 代 人 的 思 想

珍·古道尔谈人类的生存、未来与行动

A SURVIVAL GUIDE FOR TRYING TIMES

THE BOOK OF HOPE

JANE GOODALL

[英] 珍·古道尔

DOUGLAS ABRAMS

with GAIL HUDSON

[美] 道格拉斯·艾布拉姆斯 著

邹玥屿 译

中信出版集团 | 北京

图书在版编目（CIP）数据

希望之书：珍·古道尔谈人类的生存、未来与行动 /（英）珍·古道尔，（美）道格拉斯·艾布拉姆斯著；邹玥屿译 . -- 北京：中信出版社，2023.1

书名原文：THE BOOK OF HOPE

ISBN 978-7-5217-4716-4

I. ①希… Ⅱ . ①珍… ②道… ③邹… Ⅲ . ①环境社会学 Ⅳ . ① X24

中国版本图书馆 CIP 数据核字 (2022) 第 168403 号

希望之书——珍·古道尔谈人类的生存、未来与行动
著者：［英］珍·古道尔，［美］道格拉斯·艾布拉姆斯
译者：邹玥屿
出版发行：中信出版集团股份有限公司
（北京市朝阳区惠新东街甲 4 号富盛大厦 2 座 邮编 100029）
承印者：北京诚信伟业印刷有限公司

开本：880mm×1230mm 1/32　印张：8.5　字数：151 千字
版次：2023 年 1 月第 1 版　印次：2023 年 1 月第 1 次印刷
京权图字：01-2022-5080　书号：ISBN 978-7-5217-4716-4
定价：69.00 元

服务热线：400–600–8099
投稿邮箱：author@citicpub.com

献给我的母亲、拉斯蒂、路易斯·利基和灰胡子大卫。

——珍·古道尔

献给我的父母，献给哈桑·爱德华·卡罗尔

和所有在挣扎中寻找希望的人。

——道格拉斯·艾布拉姆斯

目录

III

成为希望的使者

推荐序

《希望之书》非常值得一读！

这本书的英文原作是道格拉斯·艾布拉姆斯对世界著名的灵长类动物学家珍·古道尔女士在新冠肺炎疫情期间进行的一个历时两年长篇访谈记录。通过轻松自然的对话，我们得以了解这位毕生投身自然保护事业的先行者非凡的经历、事迹、心路历程和对未来的思考。古道尔女士在回顾自身经历过的那些挑战，在讨论当今人类社会面临的困境时所表现出的那种坦诚、坚韧、温和、睿智和对未来的信心，相信会使众多读者得到真切的感动并从中得到启发。

古道尔博士是自然保护全球觉醒时代的先驱人物之一。关于她在非洲从 20 世纪 60 年代开始从事的黑猩猩野外研究工作和成就，国际上已经有了非常多的介绍，她本人也获得了广泛的国际赞誉。因为她的杰出工作，我曾经长期服务过的联合国教科文组织于2006年1月为古道尔女士颁发了教科文组织60周年纪念奖章，以表彰她致力于保护非洲濒临灭绝的类人猿和相关的栖息地所做出的卓越贡献。教科文组织认为“古道尔女士为在自然环境中保护非洲类人猿所做的不懈努力与教科文组织在促进环境和可持续发展方面所做的工作完美契合”。联合国教科文组织和联合国环境规划署于2001年设立了类人猿生存旗舰项目“类人猿生存合作组织”（GRASP），通过在非洲和亚洲的二十多个世界生物圈保护区和世界自然遗产地开展黑猩猩、大猩猩与红毛猩猩及其栖息地的就地保护与研究。以她本人名字命名的珍·古道尔研究会（Jane Goodall Institute，JGI）是这个联合国旗舰项目的长期合作伙伴。在教科文组织领导“人与生物圈（MAB）计划合作组织”期间，我个人与我的同事们也曾为GRASP计划的进一步发展筹谋。

古道尔女士并没有像一些成功的专业人士那样，满足于自己已经取得的学术成就，将自己的视野局限在灵长类物种的保护研究领域之内。她看到并了解问题的复杂性和相互的关联，知道要想有效保护重要的野生动物物种及其生境，必须要同时促进人类自身发展问题的解决。的确，书中所说的希望不仅在于科学研究的进步和自然保护措施的改善，希望更在于通过共同的努力以消除贫困和饥饿，改进教育和卫生，通过对人的改变，从根本上改变人与自然的关系。为此古道尔博士走出专业上的“舒适区”，不仅在国际上为非洲的自然保护工作游说和动员，她本人也在保护区当地身体力行，致力于社区的发展和建设工作。读者在整个对话中，可以感受到古道尔博士所表露出的朴素和真实的人文关怀，这使她远远超越了很多自然保护专家的视野和胸怀。

古道尔博士没有止步于对人类面临的挑战和危机的叙事（这些很多人也做到了），而是继续寻找破解困局的希望。古道尔女士以自己一生的经验和领悟，通过有说服力的案例，提出了我们在面对前所未有的巨大挑战时应持有的希望和信心所在：不可思议的人类智识、自然的韧性、青年的力量和人类的不屈精神。借此，古道尔也走出了自己曾经陷入过的生态悲伤。

我对古道尔博士的这些积极和进取的观点非常认同。中国在全面落实联合国可持续发展议程进程中，在生物多样性保护和环境可持续管理方面的伟大实践和所取得的成就已经证明，怨天尤人和悲观失望是不必要也不足取的。人类发展会在与自然关系的不断调整中前行，困难很多，但未来仍然充满希望。

邹玥屿是我在联合国教科文组织自然科学部门工作时一位非常优秀的年轻同事。过去几年她一直在为《生物多样性公约》第十五次缔约方大会紧张工作。没想到重负之下的她依然抽出时间完成了这本书的翻译。我要感谢玥屿以流畅优美的中文精准地呈现了这场以英文进行的不凡的思想对话。本书让人完全感觉不到是在阅读一个译本。玥屿和她众多的青年伙伴——就像古道尔所说的——就是我们共同寄予期望的青年的力量。

韩群力

国际科学理事会灾害风险综合研究国际计划办公室执行主任

联合国教科文组织“人与生物圈计划”前秘书长

2022年10月15日

［珍 · 古道尔研究会 / 比尔 · 瓦劳尔（Bill Wallauer）］

通往希望之旅的邀请信

我们正在经历一个黑暗的时期。

武装冲突、种族歧视、宗教歧视、仇恨犯罪、恐怖袭击和极右倾向助长的游行与抗议活动（这些活动往往会演变成暴力事件）正在这个世界到处上演。贫富差距继续扩大，激起愤怒与动荡。许多国家的民主岌岌可危。还有当前最大的现实问题：全球肆虐的“新冠肺炎”疫情已造成了太多不幸和死亡，社会失业率攀升，经济陷入混乱。连气候危机都不得不被暂时“置之脑后”，虽然它对我们的未来其实是更大的威胁——对我们已知的地球上的所有生命来说都是如此。

气候变化不是一件将来可能影响我们的概率性事件，它正在通过全球气候模式的变化影响着我们，这些变化包括冰川融化，海平面上升，飓风、龙卷风和台风灾害频仍，洪涝和干旱程度加剧。破坏性极大的火灾全球四起，野火甚至史无前例地烧进了北极圈。

“珍已经快 90 岁了，”你可能会想，“如果她知道这个世界正在发生什么，她怎么还能够在这里书写希望？也许她一厢情愿的一面战胜了她的理性。她没有正视现实。”

并非如此。看着那么多人致力于争取社会和环境的正义，抵抗形形色色的偏见、掠夺行径和种族主义，虽然拼尽全力甚至牺牲却仍然节节败退，我也会感到沮丧。我们时时被各种势力——贪婪的、腐败的、带着仇恨或盲目偏见的——裹挟着，如果我们认为这些都能被轻易克服，那未免太过愚蠢了。我完全理解，有时候我们会感到世界正在不可避免地滑向它的结局，“不是‘砰’的一声，而是一声呜咽”（T. S. 艾略特），而我们只能坐以待毙。过往的80多年里，我见识过“9·11”恐怖袭击、校园枪击案、自杀性爆炸袭击这样的灾难，对其中一些可怕事件可能引发的绝望也并不陌生。我成长于第二次世界大战期间，当时世界险些为希特勒和纳粹所侵占。我也亲历了冷战，那时整个世界都被核灾难的阴云所笼罩，也被世界各地武装冲突的恐怖氛围所包围，数百万人蒙难甚至死去。和所有活得足够久的人一样，在我生命里投下阴影的黑暗时刻和苦难年月已不能尽数。

然而，每当我开始感到消沉，我就会去想那些充满勇气、毅力和决心的人与邪恶力量战斗的故事。没错，我确信恶就在我们中间。但更为强大和有感召力的永远是那些抗争者的声音。哪怕他们因抗争而付出了生命，那些声音仍在他们身后久久回响，不断给我们以鼓舞和希望，并且使我们相信，大约600万年前从类人猿生物进化而来的人类尽管古怪又矛盾，但终究是善良的。

我从 1986 年开始在世界各地演讲,讲述人类对社会和环境造成的伤害,试着唤醒人们的意识。在这个过程中,有很多人告诉过我,他们对未来已不抱希望。年轻人尤其会愤怒和抑郁,或只是冷漠——他们告诉我,我们已经连累了他们的未来,他们对此感到无能为力。的确,我们肆无忌惮地攫取这个星球有限的资源却没有丝毫考虑后代会如何。何止连累,我们已偷走了他们的未来。尽管如此,我不认为现在开始纠正为时已晚。

我最常被问到的一个问题可能是:"你真心相信这个世界有希望,我们的子孙后代有希望吗?"

我会给予肯定的回答,而且深信不疑。我相信我们还有一个时间窗口来修复我们对这个星球造成的伤害,但这扇窗眼看就要关上了。如果我们关心孩子们和他们的子孙后代的未来,关心自然世界的健康,我们就必须携手采取行动。就是现在,否则就真的来不及了。

那个我仍然相信的"希望"是什么?是什么让我依然充满动力,继续投入这场正义的战争?它对我来说究竟意味着什么?

希望是一个常常被误解的概念。人们往往以为它只是一种消极被动的一厢情愿:我"希望"什么事发生,但我什么都不用"做"。恰恰相反,真正的希望需要行动和承诺。很多人明白这颗星球处于悲惨的境地,却在无助和绝望中裹足不前。这就是这本书如此重要的原因,它会(我希望它会!)帮助人们意识到,哪怕再微小的行动也能让事情产生变化。千万人同行有德之道,就足以挽救这个世界,留给子孙后代更美好的明天。如果你并不真心指望行动能带来改变,你又怎么可能开始行动呢？

我在黑暗时代里坚持希望的理由将在这本书中一一阐明。在这里，让我姑且先用一句话表达：若不抱希望，你就满盘皆输了。希望是从我们石器时代的祖先就维持着人类种群存续的关键"生存特质"。我可以肯定地说，如果不是因为我从不放弃希望，我本人那些最不可思议的人生旅程就根本不可能发生。

我与本书的合著者道格拉斯·艾布拉姆斯在这本书中对所有这些事及延展内容进行了讨论。道格建议用对谈的形式来写这本书。在下面的章节里，道格将讲述我们在非洲和欧洲进行的对话。我漫长的人生经历和对自然世界的长期研究教会了我许多关于希望的事，在道格的帮助下，我得以将这些心得与你分享。

希望是会传染的，你的行动会激发他人的行动。愿这本书能够帮助你在这个充满痛苦、不确定性和忧惧的时期找到慰藉、方向和勇气。

我们邀请你加入这场通往希望之旅。

珍·古道尔

博士，女爵士，联合国和平使者

I

我们曾经以为人类和动物王国的其他生命之间存在界限，珍跨过了那个其实并不存在的界限［珍·古道尔研究会 / 雨果·范拉维克（Hugo van Lawick）］

I

希望是什么？

威士忌和斯瓦希里豆泥

这是我们开始对谈的前一个晚上。我感到很紧张，因为实在事关重大。这个世界似乎前所未有地需要希望。自从我与珍取得联系，邀请她通过一本新书分享她相信希望的理由，在这几个月里，这个主题一直是我心里考虑得最多的事。希望究竟是什么？我们为什么会有希望？希望是真实的吗？它可以被培育吗？人类这个物种真的还有希望吗？我知道我的角色就是提出这些问题，这些是我们遭遇困境甚至绝望时都会反复叩问的问题。

珍已经是一位全球性的英雄人物，过去几十年间她就像希望的使者，到访了世界各地。我迫切地想要知晓她对未来的信心从何而来，同样也想知道在她作为先驱者的一生里，她是怎么在经历个人的挑战时一直保持希望的。

正在我既迫切又焦虑地准备这些问题时，电话响了。

“你愿意过来和我的家人一起吃顿晚饭吗？”珍问道。我刚降落在达累斯萨拉姆不久，回复她说我非常高兴去拜访她和她的家人。这是个好机会，我不仅能见到偶像本人，还可以看到她作为母亲和祖母的样子。我们将共进晚餐，我猜或许还会一起喝点儿威士忌。

找到珍的房子不算容易，因为并没有一个所谓的详细地址。它在坦桑尼亚开国总统朱利叶斯·尼雷尔的大片产业旁边，去那里得经过几条土路。我担心自己会迟到，出租车在这个绿树成荫的片区怎么也找不到对的入口，一轮红日正在迅速地沉下去，这里又没有任何街灯照明。

末了我们总算找到了珍的住所。珍在门口迎接我，脸上有温暖的笑容和一双敏锐的大眼睛。她银灰色的头发在脑后扎成一个马尾，穿着一件绿色的传统衬衫和一条卡其色裤子，这一身看起来有点像国家公园巡护员制服。她的衬衣上印有珍·古道尔研究会的标志和几个象征符号，即珍的肖像、一只四肢行走的黑猩猩、一片代表环境的叶子和一只代表人类的手——她在保护黑猩猩的过程中，逐渐发现人类其实同样需要保护。

珍此时86岁，但不知为什么，和她出现在《国家地理》杂志封面上的优雅形象——第一次到贡贝时的样子——相比，她似乎并没有老多少。我想，是不是希望和目标里有什么东西能无限拉长人的青春？

不过，最突出的还是珍的意志。她淡褐色的眼睛里透出坚定的光芒，看上去像是某种自然之力。正是这份意志让她最初穿越了半个地球到非洲开展动物研究，并在这30年里奔走不停。在新冠肺炎全球大流行之前，她一年中有超过 300 天的时间花在宣讲环境破坏风险和栖息地的丧失问题上。终于，世界开始倾听了。

我已经知道珍喜欢在晚上喝点儿威士忌，所以给她带来了一瓶她最喜欢的尊尼获加绿方。她大方地接受了，但后来她告诉我说应该买更便宜的红方，差价可以捐给她的环保组织——珍·古道尔研究会。

厨房里，她的儿媳妇玛丽亚已经准备好了坦桑尼亚风格的素食。有椰浆米饭，香浓的斯瓦希里豆泥，扁豆、豌豆配少许花生、咖喱和香菜，还有炒菠菜。珍说她完全不在意吃什么，但我不能这么讲。我已经开始咽口水了。

珍把我带来的小礼物放在了柜架上，旁边还有一瓶巨大的 4.5 升装威雀苏格兰威士忌，是珍已经成年的孙辈作为惊喜送给她的。他们解释说买大瓶的比较划算，而且这瓶酒足够她这次停留期间享用。她的孙子孙女生活在达累斯萨拉姆，住的房子是珍与第二任丈夫结婚后搬去的，不过当时她多数时间都待在贡贝。现在，珍只会在一年两次来到坦桑尼亚时住在这个房子里，短暂待几天，然后就返回贡贝或者去坦桑尼亚的其他地方了。

对她来说，每天晚上的几小口威士忌是一个晚间仪式，一个放松的机会。有时候也是和朋友们一起举杯的好时光。

“这个传统的缘起是，”她解释道，“我在家时，每天晚上都会和母亲分享一小杯威士忌。后来不管我在世界上什么地方，我们都坚持在每天晚上 7 点钟向彼此举杯。”还有一个原因是

珍在达累斯萨拉姆与家人的合照。左起：孙子默林，孙子齐齐（玛丽亚的儿子）和尼克（默林的异母兄弟），珍，孙女安杰尔，还有珍的儿子格鲁布（珍·古道尔研究会/古道尔家人提供）

太多的采访和讲座时常会让珍的声带十分疲劳，一小口威士忌可以收紧声带，帮她撑过下一场讲座。“而且，”珍说，“有四位歌剧演唱家和一位摇滚歌手都告诉我，威士忌对他们有同样的效果。”

我和珍并排坐在门廊下的户外桌旁边，她和家人们谈笑着，说着故事。繁密的三角梅包围着我们。烛光映照下，我们几乎像是坐在树冠里。她的长孙默林 25 岁了。几年前，18 岁的他在和朋友们疯狂了一整晚后跳进了一个干涸的游泳池，结果折断了脖子。这次受伤促使他改变了生活方式——放弃了无休无止的派对，和他的姐姐安杰尔一样追随祖母投入了自然保护事业。珍，这位低调的女族长坐在桌子的一头，脸上难掩骄

安杰尔为“根与芽”项目工作，默林正在参与建设一座教育中心，其地址位于达累斯萨拉姆附近一片残留的古老森林中［K15 摄影／费米娜·希普（Femina Hip）］

傲之色。

珍把驱蚊水涂在脚踝上。我们开玩笑说蚊子可不是素食主义者。“只有雌性蚊子会吸血，”珍提醒道，“雄性蚊子是靠花粉生存的。”在自然学家的眼里，吸血的蚊子只不过是努力以血液为食哺育后代的母亲。但这还是不能让我改变对人类这一宿敌的嫌恶。

当聊天和家庭故事告一段落，我想向珍提出那些问题——

自从我们决定合作一本关于希望的书，这些问题就一直在我心里盘桓。

我是土生土长的纽约人，有些多疑，我必须承认我对希望心存戒备。它看起来像是一种虚弱的反应和被动的接受，“希望有最好的结果发生”——人们总是这么说。它也像一贴万灵药，一种空想，一种罔顾事实和严肃真相的任性否定或盲目信念。我害怕被虚假的希望误导。比起承担希望的风险，愤世嫉俗在某种程度上可能来得更安全。当然，恐惧和愤怒看起来是更管用的反应，就像随时准备好拉响警报，在当前这种危机中尤为如此。

我还想知道希望和乐观主义之间的差别，珍是否也失去过希望，以及在黑暗时期我们如何保持希望。但这些提问都得等到明天早上了。夜深了，这场晚宴已经开始收场。

希望是真实的吗？

第二天我回到这里，开始了我们关于希望的对话。我紧张的情绪已经略少了些。珍和我坐在门廊下的木折叠椅上，椅子老旧却结实，有绿帆布绷成的椅面和靠背。往后院看过去，挨挨挤挤的树木几乎完全挡住了一院之隔的印度洋。热带鸟类正在大合唱，歌声有的嘹亮，有的沙哑，有的悠长。两只被收养的狗蜷着睡在珍的脚边，还有一只猫，叫声时不时穿过屏风，似乎颇有兴致加入我们的谈话。珍看起来就像是当代圣方济各，被所有生灵围绕着，而她也保护着它们。

“什么是希望？”我开口问道，“你会怎么去定义它？”

“希望，”珍回答道，“它是一个能让我们在逆境中前行的东西。它代表我们的愿望——想要什么事情发生的愿望，但也要求我们做好为之努力的准备。”珍微笑着说道：“比如说希望我们合作的这本书能成为好书。如果我们不下真功夫，它就不会成为一本好书。”

我笑着说：“对，这绝对也是我的一个希望。你说‘希望’是我们想要什么发生，但也需要我们做好努力的准备。所以行动是希望的必然要求吗？”

“我不认为所有的希望都需要被付诸行动。有些情况下你是无法采取行动的。比方说你人在监狱，而且是蒙冤入狱的，你可以希望能出去，但是你无法实施行动。我曾和一些野生动物保护人士交流过，他们因为设置动物监控摄像头被判了很长的刑期。他们自己并没办法做什么，但他们希望有人能为他们争取，让他们早日被释放。”

这么说来，虽然行动和外力的作用对保持希望非常重要，但即使这些都不具备，希望在小小的监牢里也能顽强生长。一只白胸脯的黑猫从屋内慢悠悠地晃到了露台，跳到珍的腿上，随后舒舒服服地揣起爪子团成一团。

“我很好奇，动物会产生希望吗？”

珍笑了。“嗯，就拿这只名叫虫虫的猫来说，”她轻轻抚摸着猫咪说道，“它总是被关在屋子里，我怀疑它‘希望’能被放出来。当它想吃东西了，它会发出有些哀怨的叫声，一边蹭我的腿一边拱起脊背并轻轻摇动尾巴，这通常都会奏效。我很确定它这么做的时候是在表达它希望被喂食。想想你的狗在窗前等你回家的样子，毫无疑问这是一种希望的表达。黑猩猩在没有得到自己想要的东西时会发一通脾气，沮丧其实是一种失落的希望。”

所以说，希望不是人类所特有的。但我想我们可能得把话题拉回来，聊聊人类思维里希望的独特之处。我此刻想弄明白的是希望和另一个经常与之混淆的概念有什么不同。“世界上的许多宗教传统都用同样的口气谈论希望和信仰，”我说，“希望和信仰是相同的吗？”

“它们太不同了，不是吗？”珍说道，语气更像是陈述而不是发问，“信仰是你相信宇宙之上有着一种智能强大的存在，人们可能称之为上帝、安拉或者其他。你相信上帝是造物主，相信生死轮回或其他教义，这叫信仰。我们可以‘相信’这些是真的，但其实我们无法确切‘知道’。但我们可以知道我们要去哪，并‘希望’方向是对的。希望比信仰更谦卑，毕竟没有人能预知未来。”

“你是说希望会迫使我们努力，好让我们想要发生的事真正发生？”

“是这样，在一些情况下，这是最关键的一点。就拿我们正在经历的可怕环境危机来说吧，我们必然希望一切都还不太晚——但我们也知道，除非我们采取行动，否则什么都不会改变。”

“所以，只要行动，就会拥有更多的希望？”

“嗯，其实是双向的。除非你怀有希望，相信采取行动是有益的，否则你不会采取行动。你需要希望来驱动你，然后伴随着行动，你会生出更多的希望。二者相生相长。”

“那希望究竟是什么——一种情感？”

“不，不是一种情感。”

“那是什么呢？”

“是一种关乎生存的东西。”

“一种生存技巧？”

“不是技巧。是一种更与生俱来的、更深层的东西。几乎可以说是天赋。快，想个其他的词儿。”

“‘工具’？‘源泉’？‘能力’？”

“‘能力’比较贴切。‘能力’加‘工具’。类似这样。但不是‘电动*工具’！”

我被珍的笑话逗乐了：“不是钻子什么的？”

“不，不是电钻。”珍也笑了。

“一种生存机制……？”

“这个说法要好一些，但没那么机械……”珍停顿了一下，试着找到合适的词。

“本能冲动？天性？”我继续说道。

“实际上是一种‘生存特质’，”她终于得出结论，“就是这么一个东西。它是人类的一种‘生存特质’，没有它，人类就会

* “能力”英文原文为power，此处为双关表述，根据语境可知，power可以表示为“能力”或“电”。——译者注

消亡。”

如果希望是一种生存特质……我思索着，为什么有些人拥有的比其他人更多？它是否能在特别有压力的时期发展出来？以及，珍是否也有过失去它的时候？

你是否失去过希望？

珍身上呈现出来的混合特质是很少见的。她既有科学家坚定不移地寻求事实的精神，也有冒险家探究人类生命中最深刻问题的驱动力。

“作为一名科学家，你——”我开口说道。

“我认为我是一个自然学家。”她马上纠正了我。

“有什么不同？”我把自然学家看作会去野外的科学家，如此而已。

“自然学家，”珍说道，“是追寻自然的奥秘的人——他们在尝试理解自然的过程中，会倾听自然的声音并向自然学习。然而科学家更专注于事实以及如何去量化。科学家会问的问题是：为什么会有这种适应性？它如何帮助物种存续？”

“而作为一个自然学家你需要有共情、直觉——还有爱。你要准备好去理解椋鸟的啁啾，并对这种鸟儿的敏捷充满敬畏。它们是如何做到成群飞行时既保持紧凑的队形又不会互相撞上，几千只鸟就像合为一体一样俯冲回旋的？它们为什么要这么做，是因为好玩还是因为喜欢？”珍抬起头看着想象中的椋鸟，两只手像天空中一片又一片的鸟群一样上下飞舞。

我忽然仿佛看见珍还是一个年轻的自然学家时总是满心敬畏和惊奇的样子。这时下起了瓢泼大雨，中断了我们的谈话。其实不难想象珍年轻时的样子，当时她的希望和梦想看起来是那样遥不可及。

雨声渐息，我们重新开始谈话。我问珍对第一次非洲旅行还记得些什么，她闭上了眼睛。“就像一个童话，”她说道，“那是 1957 年，当时还没有往返航班，所以我是乘坐‘肯尼亚城堡号’客船去的。本来航程是两周，结果花了一个月，因为英国和埃及交战，苏伊士运河封航了。我们得一直向南驶到开普敦，绕过整个非洲大陆才到达蒙巴萨。那是一段神奇的旅程。”

珍当时梦想着去野外研究动物，这是她儿时看《杜立德医生》和《人猿泰山》的故事时就萌生的梦想。“泰山显然娶错了人，不该是那个珍*。”她开玩笑说。珍令人难以置信的人生经历让全球各地许许多多的人深受启发与激励。在那时，女性并不会跨过半个地球去丛林里与野生动物共同生活，并写出它们的故事。正如珍所说：“也没有男性这么做过。”

我让她再多谈谈早年的事情。

“我在学校成绩挺不错的，”她说，“可我 18 岁毕业时没有钱上大学。我必须找份工作，于是我去上了秘书课程。无聊极了。但我母亲告诉我有机会就要抓住并且努力去做，不能放弃。”

---

* 《人猿泰山》故事中的女主角也叫 Jane，与古道尔同名。—— 译者注

珍和路易斯·利基博士的合照，利基博士正是那个帮助珍实现梦想的人［珍·古道尔研究会／琼·特拉维斯（Joan Travis）］

“母亲那时候总会说一句话：‘如果你要做一件事，那就把它做好。’这句话成了我人生的一块基石。总有些事是你不想做、想赶紧跨过去的，但如果你总得去做，那就拿出你最大的本事。”

珍的机会来了。她的同窗好友邀请她去了肯尼亚的家庭农场，正是在那次拜访中她听说了路易斯·利基博士，那位穷其一生在非洲研究早期人类祖先化石遗迹的古人类学家。那时他是科里登博物馆（现内罗毕国家博物馆）的馆长。

“有人告诉我，如果我对动物感兴趣，就应该去见见利基，”珍说道，“所以我约了时间和他会面。我想我对非洲动物的了解程度给他留下了深刻印象，我把所有能找到的相关书籍都读过了。然后你猜怎么着，就在我见他的两天前，他的秘书突然离职，他正好需要找一个新秘书。所以你看，之前我所接受的无聊的老式秘书训练就这样派上了用场。”

她受邀加入了利基的工作团队，和他的妻子玛丽、另一位年轻的英国女性吉莉恩一起参与了对坦桑尼亚奥杜瓦伊峡谷早期人类遗迹的长年发掘工作。

“大概过去了快三个月的时候，路易斯说起了生活在坦噶尼喀湖东岸坦桑尼亚森林中的黑猩猩群。当时那里叫坦噶尼喀，受英国殖民统治。他告诉我那片黑猩猩栖息地十分偏远，沿途崎岖，有很多危险的动物出没，还提到黑猩猩的力气可能比人要大四倍之多。唉，我对利基设想的这种冒险简直向往得不得了。他还告诉我他正在物色一个人，这个人头脑要足够灵活开放，对探究要充满热情，还得热爱动物并极度有耐心。”

利基相信，理解与人类亲缘关系最近的动物在野生环境下的行为也许能揭示人类自身的进化历程。他之所以想找人来做这项研究，是因为尽管化石能告诉我们很多事——比如我们能依据骨骼推断出生物的外形，用牙齿磨损情况推断生物的食谱，但唯独**行为**是无法形成化石的。他相信在大约600万年前，有一种像猿又像人的生物是我们共同的祖先。他的推论是，如果现代黑猩猩（和我们人类基因序列的相似性高达99%）会展现出和现代人类相似乃至相同的行为，那么这一行为可能源自我们共同的祖先。此后人类和黑猩猩虽然走上了不同的演化道路，但这些行为自始至终保留了下来。他认为这能够帮助他更好地推断我们石器时代祖先的行为。

“我完全没有想到他会考虑我，”珍说道，“当他问我是否准备好承担这项任务时，我简直不敢相信！”珍回忆着导师，脸上浮现出微笑。“路易斯是真正的人中翘楚，”她说，“不论是在智力、见识还是体格上；而且他极为幽默。利基花了一年时间来落实经费。英国政府一开始拒绝批准，因为想到要让一位白人女性独自进入丛林，他们吓坏了。在利基的坚持下，他们终于同意了，但提出了一项条件：我不能一个人去，必须有一位‘欧洲人’和我同去。路易斯的考虑是这个人要能给我提供幕后支持，而不是与我竞争，因此认为我母亲是最佳人选。我想他应该没有多费唇舌，因为我母亲本来就热爱挑战。没有她在，这次‘远征’是不可能成行的。”

“科里登博物馆的植物学家伯纳德·福德科特（Bernard Verdcourt）开着一辆超载的短轴距路虎把我们带到了离贡贝最近的城镇基戈马。我们走的几乎全是土路，坑坑洼洼，印着深深的车辙。他后来承认，把我们放下时他没指望能见到我们俩活着回来。”

然而，比起可能存在的危险，珍更担心的是怎么完成任务。她停顿了一下，我催着她继续说下去。“你在贡贝的时候给家人写信说：‘我的未来也太滑稽了，我只能蹲守在这儿，跟黑猩猩似的待在我的石头上，从身上拔出各种植物的刺，一想到古道尔小姐被人说是在某处开展科学研究，我就觉得好笑。’能跟我谈谈那些希望和绝望交织的时刻吗？”我问道，急着想了解她所经历的那种不确定和自我怀疑，尤其是在做这些从没有人做过的事情的时候。

母亲协助珍压制黑猩猩吃的植物的标本，还帮珍擦干她找到的头骨和其他骨头。这张照片是在她们的二手军用帐篷的入口处拍摄的（珍·古道尔研究会／雨果·范拉维克）

“失望和绝望是家常便饭，”珍解释道，“每天我都是天没亮就起床，爬上贡贝陡峭的山崖去找黑猩猩，但很少能从我的双筒望远镜里瞥见它们的身影。我得弓着身子甚至四脚着地爬过森林，浑身筋疲力尽，胳膊、腿和脸全部被林下灌丛刮伤。最后我总算能偶尔遇到一群黑猩猩，每次心脏都跳到嗓子眼——但它们总是看我一眼就跑掉了，我什么也来不及观察。”

“资金只够支撑我六个月的研究，可黑猩猩们不断从我面前逃走。就这样几周过去了，然后几个月过去了。我知道，假以时日我总能取得它们的信任，但是我哪里还有时间呢？我知道如果这事没成，我会让利基失望。他对我那么有信心，但这个肥皂泡就要碎掉了。最重要的是，”珍补充道，“我可能再也没有机会去了解这些神奇的生物了，也没办法知道它们能告诉我们什么关于人类进化的奥秘了。利基本来希望能了解更多。”

珍不是一个科班出身的科学家，她甚至没有本科学位。利基想找的是一个思维还没有被太多的学术偏见或者先入为主的观念裹挟的人。如果她已经接受过系统训练并认可当时高校中否认动物拥有情感与个性的共识，珍是不可能取得她的突破性发现的——尤其是在动物是否拥有情感与个性这一点上。

珍幸运的地方在于，利基相信女性可能是更好的野外调查研究人员。她们可能更有耐心，对被研究的动物有更多的共情。在安排珍进入森林后，利基还帮助了另外两位青年女性追寻她们的梦想，筹资支持了戴安·福西（Dian Fossey）的山地大猩猩研究和比鲁捷·嘉蒂卡斯（Biruté Galdikas）的红毛猩猩研究。这三位女性后来被并称为“三剑客”。

“当我看见那个自然公园里崎岖多山的地形时，”珍说道，“我就在想，这得上哪才能找到那些行踪不定的黑猩猩啊。事实上，这件事确实也和我想的一样困难。我母亲那时发挥了相当重要的作用，每当我又一次因为黑猩猩在我面前跑掉而垂头丧气地回到帐篷时，她都会指出，我学到的东西其实比我意识到的更多。我已经找到了一个山顶，很适合坐下来俯瞰两个山谷。在那儿，我通过望远镜可以看到它们在树上编织睡床，大小成群地移动。我也开始了解到它们所吃的食物和不同的叫声。”

但是，珍知道当六个月的资助结束时，这些信息还不足以

珍把照相机固定在树上，用定时摄影拍了一张自己寻找黑猩猩踪迹时的照片（珍·古道尔研究会／珍·古道尔）

让利基为她申请到更多经费。

“在黑猩猩们不断逃开的那段日子里，”珍回忆着，“我写了好多信给利基，我会说‘你那么相信我，但我却做不到’。而他会回信说‘我知道你可以’。”

“利基的鼓励对你来说一定很重要。”

“实际上他这样更糟，”珍坚持表示，“每次他说‘我知道你可以做到’，我只会想到‘但如果我不行就会让他失望’。这是我真正担心的事情。他为了给我这个无名的年轻女孩争取资金，真的豁出去了。如果我让他失望，他会作何感想，我又作何感想？”她在绝望中写了一封又一封信。“我会说：‘都是徒劳，路易斯。’他则会回复：‘我知道你可以做到。’后面的一封信中他还把‘知道’这个词写得更大而且在下面画了线。我就更绝望了。”

“一定有什么让他确信你可以做到，也鼓励了你在那边不断回到野外继续观测。”我推测道。

“也许这激励了我更加努力工作，虽然我不知道我还能怎么努力——我每天早上五点半就出门，手脚并用地爬过森林或者爬上山顶，观察一整天，直到天黑。”

最初的那一段时光听起来充满危险和挑战，而且障碍重重，但珍似乎是吓不倒的。她告诉我，她曾经坐在地上看着一条毒蛇从她腿上滑过去。她觉得没有动物会伤害她，因为她“就该在那里”。她相信动物们有办法明白她不会伤害它们。利基鼓励她保持这一信念，迄今为止也真的没有任何野生动物伤害过她。

与她的信念同等重要的是，珍懂得在野生动物面前应该怎么做。她知道最危险的情形就是置身于一个母亲和它的孩子中间，以及与一只受伤的动物或者对人类已经形成了仇恨的动物面对面。“利基非常认可我有一次在奥杜瓦伊的应对。有一个晚上，我和吉莉恩在烈日下工作了一整天后一起返回营地，我感觉到背后有什么东西——那是一只好奇的年轻雄狮。”珍说道。它已经是成年狮子大小，但鬣毛才刚刚长出来。她告诉吉莉恩她们只需要慢慢地走开，然后沿着峡谷一侧爬到上面的开阔平地上去。

“路易斯说我们没跑是很幸运的，不然狮子会追过来。他同样赞同我遭遇雄性黑犀牛时的反应。我说我们必须站住不动，因为犀牛看不清。我们运气很好，因为能感觉到风向是冲着我们的，我知道我们的气味会被吹得远离它。那只犀牛也知道附近有点蹊跷，竖起尾巴来回地跑，但终于还是踏着小碎步离开了。我想，这些反应和我能心甘情愿地每天挖八小时化石的态度，可能就是利基愿意给我机会去研究黑猩猩的原因。”

珍在贡贝坚持了下来，逐渐赢得了黑猩猩的信任。每认识一只黑猩猩，她就会起一个名字，就跟她之前给养过或者观察过的所有动物命名一样。后来有人告诉她，用数字来标记它们才是更“科学”的。但是当时的珍从没去过大学课堂，并不知道这些。她告诉我，即使她上了大学，她肯定依然会这样给黑猩猩起名字。

“第一个信任我的灰胡子大卫是一只非常帅气的黑猩猩，下巴上长着与众不同的白毛，”珍说，“它的反应非常冷静，我想正是它对我的接纳逐渐让其他黑猩猩相信我并没有那么危险。”

正是从灰胡子大卫身上，珍首次观察到了黑猩猩以草茎为工具从白蚁用泥土构筑的巢穴也就是白蚁丘中钓蚁。她看见它把一根长满叶子的枝条捋得干干净净，好满足使用需求。那时，西方科学界仍然相信只有人类能够制造工具，并且相信这一点是将我们与其他动物区别开来的主要原因。我们人类曾被定义为“工具制造者”。

这个对人类独特性构成挑战的发现被报道出来后，引发了世界性轰动。利基在发给珍的那封著名电报里这样写道：“啊！现在我们必须重新定义人类和工具了，要么我们就接受黑猩猩也算人类！”灰胡子大卫后来被《时代》周刊列为史上最有影

灰胡子大卫在一座白蚁丘上，嘴里衔着草制工具，照片摄于第一次观察到黑猩猩的钓蚁行为之后（珍·古道尔研究会／珍·古道尔）

响力的十五只动物之一。

“看到灰胡子大卫和它对工具的使用是一个转折性的时刻，”珍回忆道，“第一笔资助经费用完的时候，《国家地理》同意继续资助我的研究，还派来了雨果全程拍摄。”荷兰电影制作人雨果·范拉维克记录下了珍的发现，并在后来成了珍的第一任丈夫。

“都要感谢路易斯提出雨果为理想人选，《国家地理》才同意把他派过来。”珍说道。这里显然指的是随之而来的这段姻缘。

“所以路易斯是月老咯？”

图中展示了雨果在贡贝沙滩上扛着的重型设备，一个宝来克斯（Bolex）16 毫米老式胶片摄影机（美国广播公司新闻宣传图片）

“对，他确实是。我虽然不是在找一个‘配偶’，但雨果就这么来到了这个荒无人烟的地方，只有我们俩在那儿。我们俩都还算不讨人厌。我们都热爱动物，也都热爱自然。所以，很显然，一切就水到渠成了。”

他们于 1974 年离婚。时间过去近半个世纪，珍回忆起她的第一段婚姻时已经颇为平静。珍后来和德里克·布赖森（Derek Bryceson）—— 坦桑尼亚国家公园的负责人 —— 步入了第二段婚姻，但婚后不到五年德里克就患癌去世了，她永远失去了他。那时珍刚 46 岁。

当珍带着她的希望和梦想进入那片森林时，她没有料到

“希望”本身最后会成为她工作的核心主题。

“最开始时，希望发挥了什么作用？”

“如果我当时没有抱着希望相信只要花时间就一定能赢得黑猩猩的信任，我可能早就放弃了。”

珍停顿了一下，垂下眼帘。“当时我的担心当然是挥之不去的——我还有时间吗？我觉得这和气候变化有点像，我们知道可以去减缓它，我们只是担忧是否有足够的时间来有效扭转这一情形。”

我们在沉默中坐了一会儿，感受着这个话题的分量。早在气候危机变得众所周知之前，珍就已经担心这一点对黑猩猩和环境的影响，并因此走出了贡贝。

“早期在贡贝的那段岁月，我处身于自己的神奇世界，我可以不断地学到关于黑猩猩和森林的新东西。但在1986年事情发生了转折。那一年我们在非洲各地已建立了好几个考察点，我帮着组织了一次科学家会议。”

在那次会议上，珍了解到非洲黑猩猩的数量正在锐减，黑猩猩所栖居的森林也在遭到砍伐，在研究涉及的所有黑猩猩分布地区，情况都是如此。它们有的被猎杀当了食物，有的落入陷阱被捉住，有的感染了人类疾病。许多幼崽被卖给人当宠物、送去动物园或马戏团，或用于医学研究，很多黑猩猩母亲因此被射杀。

珍对我讲述了她是如何筹款去探访非洲有黑猩猩分布的六个国家的。“我深刻认识到了黑猩猩们所面临的问题，”她说，“同时认识到了生活在黑猩猩栖息的森林周围的人所面临的问题。他们极度贫困，缺乏好的教育和医疗设施，人口不断增长，但土地却在不断退化。”

“我 1960 年刚到贡贝时，”珍继续说道，“它还是横跨非洲的赤道雨林带的一部分。等到了 1990 年，它已经只剩一小片绿洲了，四周全是光秃秃的山丘。生活在那里的人口超出了土地能承受的限度，他们又太穷，无法去别处购买食物，挣扎在温饱线上。为了种植农作物或者烧木炭，他们把树都砍光了。”

“我意识到，如果我们不能帮助人们找到一种既不破坏环境又能谋生的办法，我们就无法拯救黑猩猩。”

我知道珍在过去的 30 年里一直在奋战，为动物和人类的权利以及环境而奋战。她补充道：“我们造成的损害是无可否认的。”我一下子严肃起来。

我终于鼓起勇气向珍提出了一个我一直犹豫着没开口的、更加私人的问题：“你失去过希望吗？”我不知道她是否会承认她曾经失去过希望，毕竟她在这个世界上已经成了希望的象征。

她顿了顿，思索着这个问题。我知道就她的内驱力和韧性来说，失去希望似乎不太可能，但我同样知道她并非没有经历过危机和心碎。终于，她长出一口气：“也许有那么一段。当德里克去世的时候。悲痛会让人觉得孤立无援。”

因为触及一段艰难的记忆，我耐心等待珍继续说下去。

“我永远忘不了他最后说的话。他说：‘我不知道可以疼成这样。’我一直试图忘记他说的这句话，但我做不到。虽然他也有不痛的时候，有感觉还好的时候，但那都没有办法冲淡他最

在达累斯萨拉姆时，德里克和珍每天都会通过照片中小桌子上的无线电话与贡贝方联系。这只被收养的流浪犬名叫瓦伽（珍·古道尔研究会／古道尔家人提供）

后的话给我带来的锥心之痛。太可怕了。”

我想象着听配偶描述难以忍受的痛苦时的心痛：“你是怎么面对的？”

“他死后，很多人帮助过我。我回到了我在英格兰的家，我的避难所——‘桦树庄园’，”珍说，“家里有一只狗也给了我很多帮助。它在床上陪着我，给我安慰，我一向能从爱犬的陪伴中获得这种安慰。后来，我回到非洲，去了贡贝。给了我最大帮助的还是森林。”

“你从森林中得到了什么呢？”

“它让我感觉到了一种平静和永恒，提醒我生死轮回是我们的必经之路……我在那里能忙起来，这对我来说也有所帮助。”

“我能想象那段时间有多难。”我说。我还没有失去过配偶或父母这样亲近的人，但她话语中的心碎声穿过几十年光阴依然回响，让我动容。

虫虫打了个哈欠，从珍的腿上跳下来，小睡完毕，准备找寻下一顿饭或展开下一次冒险。

“你有没有对人类的未来失去过希望？”我问道。我知道绝望之情既可以是非常个人的，也可以是弥漫全球的。尤其是当下，很多事情似乎都朝着错误的方向发展。

“有时我会想:好吧，我究竟为什么会心存希望？毕竟地球面临的问题如此严峻。如果我去认真分析，它们似乎根本是无解的。那么我为什么觉得有希望呢？部分原因是我很固执。我就是不认输。但也有部分原因是我们无法准确预测未来会带来什么，我们根本做不到。没有人知道一切会如何发展。”

不知道为什么，听到珍的希望也曾遭受考验和怀疑时，我只觉得更受鼓舞，甚至莫名地增加了一丝信任。

不过，我仍然想知道为什么有些人能从悲伤或心碎中更快地复原。有没有科学能够解释希望？为什么有些人会比别人抱有更多的希望？或者，有没有什么可能的方式，让我们所有人在需要时都能够拥有它？

希望可以被科学解释吗？

在我和珍决定开始合作一本关于希望的新书之后，我查了一些与希望相关的研究资料,这还是个比较新的领域。我惊讶地了解到，希望和愿望、幻想非常不一样。希望能够通往未来的成功，一厢情愿的愿望则不行。虽然它们都是关于未来，也都是充满想象的，但只有希望的火花可以点燃行动，带领我们实现所追求的目标。这一点,珍在随后的谈话中也反复向我强调。

当我们设想未来，我们可能有三种表现：我们要么异想天开，抱着宏大的梦想，自我娱乐成分居多；要么踟蹰不前，想着未来所有可能发生的坏事—— 在我的家乡，人们最喜欢这么干；或者，我们怀揣希望，在设想未来的同时认识和接纳不可避免的挑战。有意思的是，越是心怀希望的人越是能预见前方的障碍曲折，并且努力去排除万难。我因此了解到，希望不是一种盲目乐观的回避问题的方式，而是一种处理问题的方式。但我仍然觉得乐观的人可能生来就如此，于是问珍是否也同意这一点。

“有些人就是比别人有更多的希望和乐观精神，不是吗？”

“嗯，也许，”珍说，“但希望和乐观不是一回事。”

“区别是什么呢？”

“我完全没概念。”她笑道。

我安静地等待着，我知道珍热爱科学探究和辩论。我能看出来她正在思索两者的不同。

“嗯，我想我们可以说一个人乐观或者不乐观，这是一种对生活的态度或者说哲学。作为一个乐观主义者，你总会觉得‘嗯，都会好的’。与之相反的悲观主义者则会说‘唉，没有用的’。希望与乐观不同的地方在于，它是一种执拗的决心，是我要想尽办法让它成真。希望是可以培养的。在人的一生里，这一点是会变化的。当然，对天性乐观的人来说保持希望要容易得多，因为他们总是看到杯子里半满的那一半！”

“我们的基因，”我问道，“能决定我们是个乐观主义者还是悲观主义者吗？”

“就我所读到的，”珍说道，“有证据表明乐观人格可能部分源自基因遗传，但这一点完全可以被环境因素改写——那些生来不带有乐观基因倾向的人，也有可能发展出更加乐观和自立的人生观。这充分说明了孩子成长环境和早期教育的重要性。一个支持孩子的家庭环境能产生重大作用。这也是我非常幸运的地方，这主要归功于我母亲，她对我的影响很深。如果我成长在一个不那么支持我的家庭，我会不会就不那么乐观了呢？关于这一点，我们也无从得知。我记得在哪儿读到过一对同卵双胞胎的故事，这对双胞胎在不同的环境里被抚养长大，仍然展现出了相同的个性。但就像我说的，环境能对基因表达产生影响是不假的。”

“你听说过一个关于乐观主义者和悲观主义者之间区别的笑话吗？”我问，“乐观主义者认为这个世界是所有可能存在的世界中最好的，而悲观主义者害怕乐观主义者说对了。”

珍笑了：“我们确实不知道事情会怎么样发展，不是吗？

但我们也不能想着什么也不做，事情就能自己朝着最好的方向发展。”

珍这个务实的观点让我想起了我和德斯蒙德·图图大主教的一段对话。他在把南非从种族隔离制度里解放出来的斗争中忍受了诸多的悲惨遭遇和艰难困苦。

我对珍回忆道：“图图大主教有一次告诉我，乐观主义可能在情况发生变化的时候迅速转变成悲观主义；希望则是一种深层次的力量，几乎不可动摇，他是这么解释的。有一次一个记者问图图他为什么乐观。他说他不是乐观，并引用《圣经》里的先知撒迦利亚的话说，他只是‘被囚而有指望的人’。他说，希望是即使被黑暗包围也能看到光明的能力。”

“是的，”珍说，“希望不否认任何存在的困难和危险，但也不会为它们所困。虽然周遭黑暗，但我们的行动仍然可以创造光明。”

“这么说，我们不仅能通过转变视角去看见光明，也能努力创造出更多光明。”

珍点点头：“采取行动并意识到我们**能**带来改变是至关重要的。这也能鼓舞他人采取行动，然后我们就会知道自己并不是孤军奋战，积累下来的行动会带来更大的改变。就这样我们扩散了光明，自然也能给我们自身带来更多希望。”

“我总是不太信任那些针对希望进行的量化研究，”我说，“希望是看不见也摸不着的。但是一些有趣的研究似乎表明，希望对我们的成功、幸福甚至健康有着深刻影响。一项对上百个与希望相关的研究的总分析发现，希望可以将学术表现提高

12%，将工作成绩提高 14%，还可以把幸福度提高 14%。你对这些怎么看？”

“我确信希望可以给人生的许多方面带来显著改变。它影响着我们的行为和我们能够取得多少成就，”珍答道，“但我认为很重要的一点是要记住，虽然数据非常有说服力，但故事比数据更能激励人们行动。很多人曾感谢我没有在讲座里引用任何数据！”

“但我们难道不想告诉人们事实吗？”我问道。

“嗯，那么我们把它们放到书的最后，那些需要所有细节的人就能看到了。”

“好吧，我们可以加一个‘延伸阅读’章节，提供给想要了解更多我们在对话里提到的研究的读者。”我说道。接下来我问了珍一个关于希望的公共性的问题：“关于人对自己生活的希望和对世界的希望之间的关系，你怎么看？”

“假设你是一位母亲，”珍回答说，“你会希望你的孩子受到良好教育，找到一份好工作，当个体面的人。对自己，你会希望能够找到一份好的工作，足以支撑家庭。这是你对自己和生活的希望。但你的希望也会自然延展到你所在的社区和国家，希望你的社区能够抵制会污染空气、影响孩子健康的新项目上马，希望选举出来一个好的政治领袖，让你的希望有更多实现的可能。”

很明显，珍说的是我们每个人既会有对自己的希望和梦想，也会有对这个世界的希望和梦想。针对希望的科学研究揭示了我们对个人生活抱有希望的四个要素，这也许同样适用于我们对世界的希望：我们需要树立现实的目标，和能够实现它们的现实路径。同时，我们还需要有实现这些目标的信心，以及帮助我们克服沿途困难的支持。一些研究者称之为“希望循环”的四要素，我们有的各个要素越多，它们就越能相互促进，在我们的生活中激发更多的希望。

关于希望的科学虽然有趣，但我还是更关心珍的想法，尤其是关于我们如何能在困境中找到希望。这个话题还没来得及开始，珍在贡贝的同事安东尼·柯林斯（Anthony Collins）博士就过来了，告诉我们《国家地理》摄制组现在需要珍过去。于是我们停下了当天的对谈，计划第二天早上再继续讨论面对危机时的希望。当时我完全不知道，就在第二天晚上，希望会突然变成更加急需却难以获得的东西——一场危机即将降临在我身上。

我们如何在忧患中保持希望？

坦桑尼亚正值炎夏，我很早就被宣礼员唤拜的唱念声叫醒，全身汗津津的。绯红的晨曦里，水面和天空的蓝色逐渐明亮起来，我看到外面有一个渔民撑着一只和独木舟差不多大小的木船，向水面撒出了一面细巧的白网，希望能有所收获。他一遍又一遍地撒网，每次收回来时都只能从网间拔出来一些卡住的树枝、树叶，偶尔也捞出一个塑料袋子和瓶子，就是没有鱼。确实，是希望——也是饥饿——让他日日早起，只为养家糊口。

那天上午的晚些时候我到达了珍的住所。珍在后院花园等着我，指给我看她裤子膝头位置的一块深色印子。

“是血。”她说。在我们走去她那巨大的野生花园的路上，她指给我看了她头天晚上绊倒划破了膝盖的地方。

她解释了事情的经过。“我在这边举着蜡烛，”她边说边把手高高地抬起来，“好看清楚我要去的方向，但我看不见地面。有人说了句‘小心脚下’，但话还没说完我就已经被绊倒在地上了。”

珍对受伤似乎镇定自若。

“我的身体愈合得很快。”她说。

“我敢肯定你受过更严重的伤。”我说。我试着用“保持冷静，继续前行”* 的态度回应她。

“确实有，你看这儿。”她饶有兴致地指着自己脸颊上的凹陷处，那儿看起来像是有块骨头碎了。

“那是怎么了？”

“是在贡贝，和一块石头发生了一次‘互动’。”

“跟我说说发生了什么吧。”

“嗯，如果我们要聊这个，我可以详细说说，因为这个事情的经过非常有戏剧性——”

她刚准备开头，几只狗冲着我们跑了过来，热情地往我们

---

* 原文是“keep-calm-and-carry-on”，出自二战期间英国政府制作的宣传海报。——译者注

身上蹦。其中一只叫作马利，短腿的白色小狗，像是柯基犬和西高地白㹴的串种，毛茸茸的耳朵支棱得高高的。另一只是迈卡，棕黑相间，体形稍大一些，有拉布拉多犬那种松软耷拉的耳朵。

“都是收养的，”珍说道，“迈卡是从我的一个朋友建的收容所出来的。马利是在街上晃悠的流浪犬，默林给带回来的。我们也不了解它们经历了什么。”她一边拍着它们一边说起了之前的故事。

“大概是12年前，我74岁的时候。我爬上了一个真的特别陡的坡地。这样做确实有点不明智，但有只黑猩猩去了那上面的什么地方，我想试着找到它。坡壁很滑，又是旱季，边上没什么可以抓住的东西，只有几簇我攥不住的枯草。但我还是快爬到顶了，在我正上方有块大石头，我就想如果我攀着那块石头上去，然后再来一块，我就能看到上面——之后就可以上去了。所以我伸手抓住了那块石头，然后惊恐地看着它从土里松脱了出来。大概有那么大——”珍两手拉开约两英尺*宽，“还特别特别密实，特别特别沉。它就这么落到我胸口上，我和它一块儿滚了下去——我觉得我似乎是侧面着地的，还抓着那块石头！我刚才提到了，那块坡地非常陡峭，从上面到底部大约30米高，也就是差不多100英尺。要不是我被什么东西推到了旁边的植物丛里——我其实都不知道哪儿来的这么一丛植物——

* 1英尺=30.48厘米。——编者注

我就不会坐在这儿了。我得救了，石头则一路滚到了底。两个男人用担架一起把那块石头抬了回来，它对我来说太重了，根本搬不动。我们把它放在了我贡贝的房子外面，"珍最后总结道，得意地形容她的"奖杯"，"我们会让人猜它有多重。"

"有多重呢？"我问。

"100 磅*，或者大概是 59 公斤。"

"但如果加上下坠的速度，你从斜坡上滚下来的时候它给你的冲击只会更大。"我说。

"可不是嘛！"珍回答。

"是石头把你推到一边去的吗？"

"什么人或者什么在上面照看着我的未知力量吧，"珍边说着，边抬头往上望，"类似的事情发生过不止一次。"

"什么人——"我刚开口,发现珍还没有讲完她的故事。我们没来得及讨论这个照看她的人或者力量，但我觉得我们肯定还能回到这个话题上的。

"我在两天后照了 X 光片，发现一侧肩膀脱臼了。又过了很久，脸上的瘀青才消退，我确信有点不对劲的地方，于是问我的牙医能不能给我拍个片子。"

"你的牙医？"

"是的，这么说吧，我已经在他那儿了，也不想再花功夫去预约另一个医生。他说他做不好 X 光检查，但看起来似乎是

---

* 1 磅= 453.6 克。——编者注

颧骨骨折了，‘可以放一块金属板进去’。但我相当确定我的脸颊里面不需要一块金属板。想想机场的安检！然后，总而言之，我没时间去疼啊痛的，我还有工作。直到现在我也没时间花在疼痛上，我依然有工作要做。”

我认识的很多上年纪的人都会花许多时间关注他们的疼痛之处，但那些看起来最健康、最快乐的人关注的却是他们自身的麻烦之外的东西。珍展示出的面对困难时的坚韧和毅力，为那些研究者所说的希望关键要素理论提供了强有力的例证。没有任何东西能够拦住她实现目标的脚步。

“你一直都这么强大，这么坚强吗？”我问道。

珍笑道：“不是的，我小时候总是在生病。我的舅舅埃里克是医生，曾经叫我‘小病秧子’。我曾经真的能感觉到我的脑子在脑壳里叮当作响。我也不知道原因，但我有过非常严重的偏头痛。”

“我也有过偏头痛，非常可怕。”我说。

仿佛是她思想上的坚毅让她在成年后脱胎换骨，变成了一个身体强健的人，这一点给我留下了深刻的印象。这让我想起来一个关于心灵力量的故事，是我所听过的最感人的故事之一。

“你知道心理学家伊迪丝·埃格尔（Edith Eger）的故事吗？”我问道。我知道二战期间的犹太人大屠杀以及它所揭示的人性一直是珍非常关切的问题。

“不知道，跟我说说她是谁吧。”

“埃格尔医生在16岁时和她父母被一驾牛车带到了奥斯维辛。她妈妈对她说：‘我们不知道要去哪里。我们不知道会发生什么。你只要记住一点，没有人能拿走你放在脑子里的东西。’后来她的父母被送进了焚化炉，她还是一直都记着母亲的话。

“当她身边的所有人——从守卫到其他狱友——都告诉她没法活着出去时，她一直没有放弃希望。她告诉自己，这是暂时的。如果我今天活了下来，明天我就会自由了。死亡集中营里有一个病得很重的女孩，每天早上埃格尔医生都以为会看见她死在铺位上，但每天早上那个女孩都会从木床上爬起来，再干一天的活。每次站在候选队列里，她都会想方设法让自己看起来足够健康，这样就不会被送去毒气室。每天晚上回去她都会瘫倒在铺位上，挣扎着喘气。

“伊迪丝问她是怎么坚持过来的。那个女孩说：‘我听说我们会在圣诞节被放出去。’女孩一天又一天、一小时又一小时地倒数着，但圣诞节来了，她们并没有获释。第二天她就死了。伊迪丝说是希望支撑着她活了下来，当她失去了希望，也就失去了求生的意志。

“她说，人们在设想如何在死亡集中营那种显得绝望的境况里保持希望的时候，总是容易混淆希望和理想主义。理想主义是期待所有事情都公平、都容易、都好好的。她说这只是一种防御机制，和否定或妄想差不多。希望，在她看来不是否定邪恶的存在，而是对其做出一种回答。”我开始了解到希望不是一种一厢情愿。它会切实考虑到事实和困难，但不会让它们压倒或阻止我们。当然，在很多看起来毫无希望的情形下我们确实会被击垮。

“我知道，”珍若有所思地说，“希望并不总是基于逻辑的。

实际上，它可以看起来完全没道理。”

当下全球的情况完全可以说是看起来让人无计可施，但珍仍然怀抱希望——尽管“逻辑”无法为这份希望给出理由。也许希望不是仅仅基于事实的表达，而是我们创造出全新事实的方式。

我知道，珍在全球严峻的现实下仍然充满希望是基于四个理由：不可思议的人类智识、自然的韧性、青年的力量和人类的不屈精神。我也知道她在全球各地分享过她的智慧，激发了许多人心中的希望。我非常期待和她就这几点展开探讨和辩论。为什么她认为我们人类不可思议的智识是希望的源泉，就算我们也用它犯下了无数恶行？难道不是我们的聪明把我们推到了毁灭的边缘吗？我能够想到她会从自然的韧性中找到希望，但自然能在我们造成的所有破坏中存续下来吗？而且，为什么青年对她来说会是希望的来源之一？前几代人并没能解决掉我们面临的问题，而青年又还没有真正开始掌管这个世界。最后，她所说的人类的不屈精神所指为何，又如何能拯救我们呢？但我们当天的工作时间已经结束，于是我们说好第二天一早再继续我们的对话。

然而，我们的计划很快就中断了。

当天深夜我的电话响了，是我妻子蕾切尔打来的。我的父亲被紧急送往了医院，情况相当严重。我订了最早的一趟航班飞回纽约，并打电话告诉珍，我得推迟我们的对谈，直到我父亲的情况稳定下来。对我而言，希望和绝望已经不再是知识层面的概念了——它们已经成了一切，攸关生死。

II

卡塔林和丹妮拉·米特拉凯（Catalin and Daniela Mitrache）提供

II

珍·古道尔：希望的四个理由

理由 1 ：

不可思议的人类智识

弗洛伊德是当时黑猩猩群的首领（阿尔法雄性）。一位有智慧且卓越的领袖。我们究竟能不能了解它们的所思所想呢？［迈克尔·诺伊格鲍尔（Michael Neugebauer）/ www.minephoto.com］

“听到你父亲的消息，我很遗憾。”几个月后我们在荷兰见面时，珍说道。

我父亲腿部无力的情况一开始被判断为常规衰老症状，后来发现是中枢神经系统的侵袭性T细胞淋巴瘤，先影响了他的脊髓，后又蔓延至脑部。从达累斯萨拉姆回到纽约后的好几个月里，我一直连续往返医院陪他。父亲对留住他的意识和希望做出了英勇的努力，直到癌症终于将二者全部击溃。我永远不会忘记他得知自己的癌症无法治愈，也许只剩几周到几个月生命的消息时表现出的那种勇敢和镇定。"我想是时候面对无可避免的事情了。"他说。

在他极度痛苦、濒临死亡的时候，我问他觉得还能在我们身边多久。"直到得到着陆指令，"他说，"或者跳入永恒的指令。"那时我看到了希望的局限，陷入了深深的悲恸。在我父亲病逝后这残酷的几个月里，珍的善意和理解给了我巨大的支撑。

现在珍和我在一个翻新过的守林员木屋里见面了。木屋的位置在乌得勒支附近一个自然保护区的森林深处，屋子很舒适而且足够保温，足以抵御冬天席卷荷兰大部分地方的刺骨寒风。我们面对面坐着，阳光斜透过窗户，柴火噼啪作响。珍在完成一次到访北京、成都、吉隆坡、槟城和新加坡的长途旅行后，刚刚在她英国的家中待了四天。尽管她几乎马不停蹄在世界各地出差，但她看起来仍然精神饱满、兴致勃勃，似乎随时准备开始我们之间的对话。她穿着蓝色的高领毛衣，一件绿夹克，两手十指相扣搭在灰色羊毛毯上。

"感谢你的慰问，"我说道，珍在我父亲最终撒手西去时给我写了信，"抱歉，我之前不得不那么突然地离开。"

"你必须离开的原因才是令人难过的地方。"

道格拉斯的父亲，理查德·艾布拉姆斯，癌症确诊7年前
［迈克尔·加伯（Michael Garber）］

“是挺艰难的几个月。”我承认。

“你没法真正放得下，这种失去太深刻了，”珍说道，“我想正是悲痛的深切提醒了我们爱之深切。”

我轻轻地笑了，为她的话而感动。“他是一个特别棒的父亲。”

对弥留之际的父亲而言，他的心意和爱似乎比他的头脑和理智更重要。因此我很好奇，为什么珍会把人类智识当作希望的理由之一。要我说的话，自从我父亲的所有神经元同时发射信号让他陷入了谵妄状态，意识的脆弱性就一直深深困扰着我。我们的思维似乎无比微妙又容易出错。

我们静静地坐了一小会儿，怀念着我的父亲和所有我们失去的人，然后才重新开始讨论。

“为什么人类智识会构成你希望的理由之一？”我问道。

从古猿到世界主宰

“这就是我们人类与黑猩猩还有其他动物之间的最大区别啊，”珍说道，“我们智力上的爆发式进步。”

“你所说的人类智识究竟是指什么呢？”

“我们大脑里分析和处理问题的部分。”

曾经科学家们认为这些特质只有人类才拥有，珍和其他一些科学家却证实，包括人类在内的所有动物都有程度不一的智识。我向珍提到了这一点。

“是的，今天我们知道动物们比人们过去所认为的聪明得多，”她说道，“黑猩猩和其他类人猿可以学会400个甚至更多的美国手语用词，可以在电脑上解决复杂的问题；还有包括猪在内的其他一些动物喜欢绘画。乌鸦有着惊人的智力，鹦鹉也一样。老鼠同样非常聪明。”

“我记得在坦桑尼亚时你还跟我说过章鱼是极为聪明的，能解决各种各样的问题，虽然它们的大脑构造和哺乳动物的非常不同。”

珍大笑道：“它们的八条腕足里居然都长着脑子！再说一个你可能会喜欢的——你可以用每次一滴花蜜作为奖励，教会熊蜂把一个小球滚进洞里。更精彩的是，其他没有被这样训练

许多动物能通过艺术来表现出它们的智力。“猪中毕加索”，虽然其本来的宿命是变成火腿或者培根，但它在被乔安妮·莱夫森收养后学会了画画。它喜欢在风景好的地方画画——你可以在照片背景中看到开普敦桌山。它的画作售价达数千美元（www.pigcasso.org）

过的蜜蜂仅仅靠观察受训过的蜜蜂就能完成同样的任务。这么长时间以来我们在不断地学习新东西，我也总是和我的学生讲研究动物智识是一件多么奇妙的事。”

“那么在我们的智识里，是什么让我们区别于所有其他动物呢？”我问道。

“虽然黑猩猩——与我们人类最接近的生物——能在各种智力测试中拿到特别好的成绩，但最聪明的黑猩猩也没法设计出装载机器人的火箭，让机器人按照设计好的程序在火星这颗红色星球的表面巡游，拍摄照片供地球上的科学家开展研究。人类做到了这么多不可思议的事情，我是说想想伽利略、列奥纳多·达·芬奇、林奈、达尔文，还有牛顿和他的苹果，想想金字塔和其他伟大的建筑，还有我们的艺术和音乐。”

珍停顿了一下，我则想到了一个又一个卓越的人物，他们提出的那些理论，建造的那些宏大屋宇，都是在完全没有我们今天的精密工具可用，也没办法像现在这样查阅积累下来的既往知识的情况下完成的。珍打破了我的沉思。

“而且，道格你知道吗，每次看见天上的满月时，我都能体会到我在1969年那历史性的一天体验到的同样的敬畏感和惊奇感。就在那天，尼尔·阿姆斯特朗成了第一个在月球上行走的人，巴兹·奥尔德林紧随其后。我思忖着：‘人类真的走到那上面去了啊！’我在演讲时总是跟人们说，下次看向月亮的时候，试着找到那份敬畏之情，不要把它当成理所当然。”

“所以，的确是这样，”珍继续说道，“我真心认为是人类智识的大爆炸把这个相对弱势和平凡的史前猿类推上了自认为是世界主宰的位置。”

“但如果我们远比其他动物更有智慧，我们怎么会干出如此多的蠢事呢？”我问道。

“啊，”珍说，“这就是为什么我更倾向于用‘智性’这个词，而不是‘智慧’。一种有智慧的动物应该知道不能毁坏自己唯一的家园——但我们已经这样做很久了。当然，有一些人确实是非常有智慧的，但还有很多人并不是这样。我们给自己贴上了‘智人’的标签，‘有智慧的人’，但不幸的是，今日的世界是缺乏智慧的。”

“但我们是聪明而有创造力的？”我说。

“对，我们人类非常聪明，非常有创造力，而且就像所有的灵长类和许多其他动物一样，我们充满好奇心。我们的好奇加上我们的智力，给我们自身带来了各个领域的许多伟大发现。因为我们喜欢去了解事物是怎样运作的，为什么那样运作，从而不断地拓宽认知的边界。”

“那你认为是什么导致了这种不同？”我问道，“为什么人类大脑比黑猩猩进化得更——”

“语言，”珍回答道，她似乎料到了我会问这样的问题，“在我们进化中的某个节点，我们发展出了用词语交流的能力。我们对语言的掌握让我们可以教授和学习不在眼前的事物。我们可以传承从过去的成功和失败中汲取的智慧，也可以计划遥远的未来。最重要的是，我们可以把有着不同背景、不同知识的人聚到一块去讨论问题。”

听到珍说她相信是语言带来了人类智识的大爆炸，我的兴趣一下子就上来了。有意思的是，我之前在查阅与希望相关的研究资料时发现，语言、目标设定和希望似乎全部都产生于同一个大脑区域——前额皮质，它位于我们额头正后方，是大脑里最新进化出来的部分。人类大脑中这个区域比其他类人猿大脑中的都要大。

我们谈论了一会儿人类取得的各种成就，从设计让我们在空中飞行和在海洋里潜航的机器，到和地球另一边的人即时通信的技术。

“所以真的很奇怪，不是吗？也是同样的人类智识造成了我们现在这种糟糕的处境，”我说，“同样的一种智识，创造出了一个失衡的世界。有人会认为人类智识是进化史上最大的错误——一个正在危及这个星球上所有生命的错误。”

“是，我们确实把事情弄得很糟糕，”珍表示同意，“但不是智识本身，而是我们使用智识的方式造成了糟糕的结果。由于混合了贪婪、仇恨、恐惧和权力欲望，我们以一种不幸的方式使用了我们的智识。但好消息是，我们既然有足够的智慧制造出核武器和人工智能，当然也能够想出办法来治愈我们对这个可怜的古老星球造成的伤害。实际上我们已经越来越意识到我们造成的后果，并且开始运用我们的创造力和新发明来修补损伤。如今已经有了很多创新性的解决方案，包括可再生能源，再生农场和可持续农业，还有与地球相协调的饮食结构转换，等等，这些都指向创造一种新的行事方式。作为人类个体，我们也认识到需要减少自己的生态足迹，并且已经在思考如何去实现这一点。”

“这么说来，智识本身无所谓好坏——一切取决于我们人类选择如何运用它：把这个世界变得更好还是将其毁灭？”

“对，这就是我们的智识和对语言的使用所塑造出的人与其他动物的区别之处。好坏都在我们，因为我们有选择的能力，”珍微笑着继续说道，“我们半是罪人，半是圣人。”

半是罪人，半是圣人

“最后哪一方胜出呢，善还是恶？”我接着问道，“我们会有51%是善，或者51%是恶吗？”

“嗯，辩论双方都可以拿出不少证据，但我相信我们正好对半分，”珍说道，“我们的适应性极强，能够做到任何生存所需的事。我们创造的环境将决定哪边占上风，换句话说，我们培育和鼓励哪方，哪方就会胜出。”

世界观被颠覆的感觉是很奇怪的。我体会到了一种以全新的方式看世界的眩晕感。

曾经被我称为善与恶的，不过是我们为了在不同环境和不同境遇下生存所发展出来的善良或残忍、慷慨或自私、温和或攻击性的特质。如珍所说，我们为了生存可以付出任何代价。如果我们生活的社会有着正常的生活水平和一定程度的社会正义，我们天性中慷慨和平的一面就比较可能凸显出来；反之，如果在一个种族歧视和经济不公平的社会里，暴力就会大量滋生。

“嗯，”我分享了我的想法后，珍回应道，“我认为很大程度上就是这样。想想在卢旺达和布隆迪发生的种族大屠杀，两者同样是发生在胡图人和图西人之间。大屠杀发生后，因为比尔·克林顿总统到访了卢旺达，所以国际社会的援助像潮水一样涌入卢旺达。但布隆迪多少被忽视了。结果就是卢旺达有能力去修筑道路和医院等基础设施，国际商业自然也就进入了，胡图人和图西人似乎开始和平共处。但布隆迪没有这些条件，于是直到今日仍然会周期性地发生暴力和流血事件。”

“即使如此，我们仍必须记住社会是由人组成的，而总会有人寻求改变。有很多布隆迪公民想要创造一个更加和平的社会。在专制政府的统治下社会只是看起来稳定而已。”

“你觉得我们能够拥有和平和谐的社会吗？我们的暴力倾向又怎么解释呢？”

珍摇摇头说道:“几乎可以肯定的是，攻击性行为是我们从远古的人族祖先那里继承的基因的一部分。你已经知道了，利基送我去贡贝的理由就是他相信人类和黑猩猩在500万年前到700万年前拥有同一祖先，如果我发现了现代人类和现代黑猩猩之间相似甚至相同的行为，那么这种行为可能就是来源于那个类人类猿的祖先，并且在不同的进化路径上一直被保留了下来。这会更好地启发他关于早期人类行为的研究，他在非洲的很多地方都发现了早期人类的化石。像亲吻、拥抱，家庭成员之间的联结，还有你在刚才的问题中提到的攻击性行为模式，其实与相邻黑猩猩群体之间的原始战争非常相似。”

我记得珍跟我说过，有人建议她淡化对黑猩猩攻击性行为的描述，因为在20世纪70年代，许多科学家都试图向人们证明侵略性行为是后天习得的。那是一场关于先天和后天的大辩论。

“幸运的是，由于我们非凡的智慧和语言交流能力，”珍继续说道，“我们已经能够超越其他动物纯粹的情绪攻击性反应。就像我刚才说到的，我们有能力在不同情境下进行反应，做出有意识的选择。我们所做的选择部分反映了我们童年时期所受的教育，同时也取决于我们出生的国家和那里的文化。”

“我怀疑实际上全世界的小孩都是一样，生气的时候倾向于去打那个让他们不高兴的东西。我的妹妹朱迪和我接受的教育告诉我们，打人、踢人和咬其他小孩是不对的。这样我们就获得了对我们的社会道德标准的一种认知：哪些是好的，哪些是坏的；哪些是正确的，哪些是错误的。坏的和错误的行为会被惩罚——口头惩罚，然后好的和正确的行为会被奖励。”

“这么说来，孩子们是可以学到社会的道德规则的。”我说。

“是的，这一点也让人类的攻击或侵略行为比其他物种的更恶劣，因为我们明知这种行为在道德层面上是错误的——至少我们相信这在道德上是错误的。这也是我认为只有人类才能真正犯下恶行的理由——只有我们能坐下来冷血地研究如何折磨人，如何造成痛苦，周密地谋划残忍可怖的行为。”

我知道这是一个一直在珍心里萦绕不去的话题。她成长于英国，见证了德国占领欧洲时期发生的犹太人大屠杀并为之深深震悚。当卢旺达和布隆迪发生种族清洗事件时，她正身处贡贝。当时在坦桑尼亚和布隆迪边境，人们目睹了湖水被遭到屠杀的布隆迪人的鲜血染红，许多从布隆迪逃出来避祸的难民在贡贝后方的山里住了下来。她从这些难民口中听到了许多野蛮、残忍、令人毛骨悚然的故事。

珍在贡贝时，刚果民主共和国［简称“刚果（金）”］的武装组织在一个午夜绑架了她的四名学生。在那之后很久，她到过刚果（金）的首都金沙萨，在她停留的住所外发生了街头暴乱，有一个士兵就死在她窗前。恐怖分子在“9·11”那天把飞机开进纽约世贸双子大厦时，她也在纽约。

她曾深深凝视过恶的面孔，对我们人类天性中的阴暗面再了解不过。但珍之所以是珍，是因为她总能够迅速地找到一个更宽广的视角。

“尽管如此，”她说道，就像是对着自己脑海中的黑暗想法自语，“虽然有许多的暴力和恶行，但放在历史的尺度上来看，这个世界还是有了长足的进步。我们现在身处荷兰，你想想，不到 100 年前这片土地还浸润着二战时英德交战中士兵的鲜血。最近我和几位德国朋友在一起时说：‘这难道不奇怪吗——我们现在是彼此的挚友，但我们的父辈曾互相残杀？’现在我们有了欧盟，这些几百年来挥戈相向的国家如今为了共同利益走向了联盟。这是希望的重大标志。是的，英国后来脱欧了，这是一步倒退，但我们仍然不太可能在短期内与欧盟发生任何战争。”

珍对人类历史的发展方向，对我们逐渐增长的阻止大型战争发生的能力都充满信心，这让我很受鼓舞。

“但是你不为威权主义、强人政治正在世界各地崛起而感到担忧吗？”我问，“还有国内冲突，民族主义高涨，甚至连法西斯主义也在获得越来越多的支持——新纳粹分子在美国壮大，不可思议的是在德国也是如此。除此之外，世界上还有众多的冲突，许多的暴力：校园枪击、帮派争斗、家庭暴力、种族主义与性别歧视。你怎么可能对未来依旧抱有希望呢？”

“这么说吧，在我们成为人类的几百万年里，我确实认为我们变得更关心他人了，也更有同情心了。尽管残忍和不公仍然随处可见，但人们已普遍认为这些行为是错误的。更多人能通过媒体的报道了解到正在发生的事情。说一千，道一万，我真心认为绝大多数人本质上是正派的和善良的。”

“还有一件事，道格。就像只有人类才能够犯下真正的恶行一样，”珍说道，“我想，也只有人类才能真正地利他。”

一种新的普遍道德准则

“黑猩猩会试着帮助陷入麻烦的同类，”珍继续说道，“但我认为只有人类能在明知会危及自身的情况下做出利他行为。只有我们可以毅然决然地做出帮助他人的决定，哪怕这一决定会让自己遭遇危险。在理智认识到了相关风险后依然出手相助，这就是真正的利他主义。想想帮助犹太人从纳粹德国出逃的德国人，有些人甚至把犹太人藏在自己家里。他们知道被抓到就意味着死——很多人也确实因此牺牲了。”

“20世纪70年代，有一个在科学家中间十分受欢迎的社会生物学理论，将利他主义解释为只是一种维护自身基因存续的方式，”我说，“所以为帮助家人而死是没关系的，因为你的基因会遗传给后代。但我记得你似乎不同意这种说法？”

“嗯，虽然这个结论本身没有错，”珍说，“但这个研究是基于社会性昆虫的帮助行为的。而人类不仅会帮助我们的亲属，也会帮助群体里的其他人，包括和我们毫无血缘关系的个体。”

“后来人们观察到其他动物也会帮助非亲非故的个体，下一个理论就主张相互利他主义了——帮助别人是希望别人有朝一日也会帮助你。虽然这些理论可能解释了利他行为的进化起源，但是我们的理智和想象力似乎让我们能以更包容的方式利他。人在自己没有明显获益的情况下也会帮助他人。当我们看到一张饥饿的孩子们的照片，我们能够想象他们的感受，并且想要伸出援手。照片引发了我们的怜悯和同情。就算引发同情的对象来自不同的文化背景，大部分人也能产生同样的感受。冬天蜷缩在薄薄的帐篷里的战争难民，或者地震后忍饥挨饿、无家可归的灾民，关于他们的照片甚至几句描述就能引发我们发自内心的情感。它让我们心理上感到受伤，就是这样。无所谓这些人来自哪里，欧洲、非洲还是亚洲，年幼还是年老。我记得第一次读《汤姆叔叔的小屋》时我哭了，对残忍的奴隶主，还有其他共同造成了这种苦难的人产生了深深的恨意，就像我在战争时期憎恨德国纳粹一样。”

停顿片刻后，珍告诉我，就在我们坐在荷兰森林小木屋里的这个时刻，她突然理解了对受迫害者的同情之心何以导致对施害者的憎恨——这样你也就理解了卢旺达和布隆迪发生的那种报复性暴力和自相残杀的成因。

“你是说我们得找到原谅施害者的办法吗？”我问道，在某种程度上，我对这种原谅甚至同情施害者的能力心存疑虑。

“对，我是这么认为的。我们得考虑到他们是怎样成长起来的，他们从小被灌输的道德准则。”

我举了图图大主教在南非通过主持“真相与和解委员会”尽力避免国家发生内战的例子。他说过，原谅是把我们自己从过去里解缚。我们可以选择宽恕，而不是冤冤相报的恶性循环。

“道格你看，”珍忽然语气轻快起来，继续说道，“这个例子正好展示了语言的重要性。我们可以探讨这些问题。我们可以教导我们的孩子，告诉他们从不同的角度看问题有多么重要。

保持开放的心态。始终选择原谅而不是复仇。”

日光渐弱，珍的脸庞没入了暗淡的光线里，表情已经不太看得清。我感觉珍正在一步一步地引导我，帮我更深入地理解我们该如何走向一个更好的未来——虽然我一直都对任何简单的解决方案持有怀疑态度。

“那么需要怎么做呢？”我问，“我们如何更好地进化，变成更有同情心和更加和平的生物？”

珍一边考虑着我的问题，一边给自己倒了一小杯威士忌。

“我们需要一种新的普遍道德准则，”珍忽然笑起来，“我刚刚想到——每一个重要宗教都颂扬同一个黄金法则：你们想要别人怎样对待你们，你们就要怎样对待别人。所以很简单，这就是我们的普遍道德准则啊。我们只是需要找到一个让人们遵照执行的办法！”她叹了一口气继续说道：“但这看起来不可能不是吗，因为我们人类已经有那么多弱点——贪婪、自私、奢求权力和财富。”

“对啊，”我随口接道，“我们总归不过是人罢了。”

珍啜了一小口酒。

然后她笑了笑补充道：“但老实说，我认为我们确实在往正确的方向上走。”

“所以你真的觉得我们对外界和他人的关心程度有所增加？”

“实话说，道格，我认为大部分人都是这样。不幸的是，媒体花了那么多篇幅来报道所有那些不好的事、那些可恨的事，对良善却着墨甚少。而且也得放到历史维度下来看。就在不久之前的时代，英国的女性和儿童还被迫在条件恶劣的矿井中工作，孩子们只能光着脚走在雪地里。在美国，奴隶制曾经是被接受的，甚至从多个方面被证明是正当的，在英国也是一样。

“的确，还有很多儿童仍然生活在贫困中，奴隶制也仍然在世界上很多地方存在，还有种族歧视、性别歧视以及不公平的工资待遇等许多其他社会弊病——但越来越多的人认为这些事情在道德上不可接受，许多团体正在为解决这样那样的问题奔走。南非的种族隔离制度已经终结；英国的殖民统治已经随着大英帝国的瓦解而落幕；许多国家对女性的态度正在逐渐变化，已有众多女性在世界各国的政府担任重要职务，我前几天看到数据时都非常惊讶。还有很多律师站了出来，反抗不公正，为维护人权发声——不仅如此，在越来越多的国家中，律师和专门机构也在为动物权利而战。”

我想过这一点。的确，珍所说的一切都代表着全球伦理正往好的方向进步，但我不禁想到了近年来我们倒退了多少，还有多远的路要走。我把这些想法告诉了珍，提到美墨边境强制将移民儿童和父母分开的可怕手段，孩子被关进类似笼子的东西，然后被送去沙漠中的“学校”。越来越多的人无家可归，在饥饿中入眠。“而且，”我补充说，“我们已经感受到了令人不安的民族主义正在抬头。”

“是的，我知道，”珍说，“在英国和许多其他国家，情况也大致相似。真让人沮丧啊。”

我说：“我想，这就是巴拉克·奥巴马总统在他著名的演讲中所说的，历史不是直线前进，而是‘曲折渐进’的。”

“确实，我们很容易感觉到自己在曲折倒退，”珍说，“但重要的是，我们要记住那些成功的抗议活动和实现了目标的宣传运动。多亏了互联网……”

我正要打断珍，她就已经笑了起来：“是的，我知道这项技术的弊端，尤其是‘假新闻’！但就像我们的智识一样，社交媒体本身并无好坏之分——重要的是我们用它来干什么。”

我问过图图大主教对人类进步的看法。他对种族隔离的抗争扭转了南非历史的方向，使社会逐步趋于正义。那是巴黎爆炸事件之后不久，许多人对人性感到绝望，但他说，历史总是前进两步后退一步。就在差不多整一个月后，世界各国的领袖齐聚一堂，共同通过了《巴黎协定》。我永远不会忘记他说的另一句话：“我们需要时间才能成为完全的人。”也许他的意思是我们需要时间在道德上有所进化。

珍想了一小会儿，说道：“我认为，我们可能得在进化过程中花上很多时间才能意识到，除非我们的头脑和心灵一起工作，否则我们永远无法充分实现人类的潜能。天才林奈*给我们这个物种取名为智人，有智慧的人——”

“很明显，”我插话道，“我们名不副实。你说过我们智力发达但并不算有智慧，你怎么理解‘智慧’？”

---

* 卡尔·林奈（1707—1778），瑞典生物学家，现代生物分类学之父。他将人类的学名命名为智人（*Homo sapiens*）。——编者注

智慧的猿？

珍沉思片刻，整理着思绪。“我认为智慧意味着运用我们强大的智能来认识到我们行为的后果，并为整体的幸福考虑。不幸的是，道格，我们已经失去了长期思维，并且正在为我们的一种非常荒谬和不明智的想法付出代价。这个想法就是可以在一个自然资源有限的星球上无限地发展经济，可以牺牲长期利益来换取短期收益或利润。如果我们继续这样下去——好吧，我不愿去想会发生什么。这绝对不是‘智慧的猿’应有的行为。”

“在做决策时，大多数人会问，这对我和我的家人能够立刻产生帮助吗？对下一次股东大会或者我的下一次竞选有帮助吗？而智慧的标志则是问，我今天做出的决定会对后代产生什么影响？会对地球的健康产生什么影响？

“这种智慧的匮乏也体现在一些蓄意压迫部分社会群体的当权者身上——我指的是在美国和英国一些社会群体长期享受不到起码的教育和社会服务，这是可耻的。当这些人的怨恨和愤怒终于积重难返的时候，他们会爆发并寻求改变，要求得到更高的工资、更好的医疗保障或上更好的学校，这可能就会导致暴力和流血。想想法国大革命，还有结束奴隶制的斗争引发的美国内战。好吧，你我都知道历史上有许许多多人在愤怒之中揭竿而起、用暴力推翻政治压迫或社会结构性压迫的故事。”

我思索着我们为缺乏智慧所付出的代价，以及我们尝试纠正错误、修复损失的努力。我问珍：“你觉得我们未来有可能以正确的方式使用我们的智慧吗？”

“我觉得可能不会有所有人都能正确使用智慧的那一天。我们之中总会有人是罪人。但是就像我一直在说的，会不断有更多的人开始反抗不公，而且大体上人类对公平正义的含义是存在共识的。”

现在外面已经黑透了，壁炉里的余火也渐渐矮下去，于是我们多开了几盏灯。威士忌已经喝完了，但我们还有一个谜要解：我们怎么才能明智地使用这种不可思议的人类智识呢？我把这个问题抛给了珍。

“嗯，如果我们真要做到这一点——我已经说过，我认为头脑和心灵必须共同努力。现在是时候证明我们可以做到了。因为如果我们现在还不采取明智的行动来减缓地球的升温和动植物的消亡，就来不及了。这些对地球生命的生存性威胁需要我们共同来应对。要做到这一点，我们必须解决四大挑战——这四点我经常在演讲中谈到，简直记得滚瓜烂熟。

“第一，我们必须减少贫困。如果你生活在极度贫困中，那么你自然会砍掉最后一棵树来种植粮食或钓走最后一条鱼，因为养活家人的需求是最迫切的。如果是在城市里，你就会买最便宜的食物，因为选择更合乎道德的产品对你来说太奢侈了。

“第二，我们必须节制富人不可持续的生活方式。现实情况是很多人消费的东西远远超出了生活所需，甚至很多是他们自己本来都不想买的东西。

“第三，我们必须清除腐败。因为没有良好的治理和诚信的领导人，我们就无法团结起来解决我们面临的巨大社会挑战和环境挑战。

“第四，我们必须正视不断增长的人口和畜禽数量带来的多重问题。我们有超过 70 亿人口，我们消耗着有限的自然资源，在许多地方这一消耗速度已经超过了自然再生的速度。到 2050 年，全球人口很可能将接近 100 亿。如果一切照旧，那这就是我们所知的地球生命的末日了。”

“嗯，都是让人胆寒的挑战。”我说。

“的确是，但如果我们运用人类的智识——连同那些旧有的好的常识，这些也不是无法克服的。我刚才也说到了我们取得的进展。当然，很多我们对自然母亲的伤害并不是缘于缺乏智慧，而是缘于缺乏对子孙后代和地球健康的同情：缘于个人、公司或政府攫取财富和权力等短期利益时彻底的自私和贪婪。还有一些是缘于欠考虑、缺乏教育，还有贫穷。换句话说，我们聪明的大脑和我们的同情心之间似乎是脱节的。真正的智慧既需要头脑的思考力，也需要心灵的理解力。”

“当我们与自然世界失去联系时，我们是否也会丢失某些智慧？”我问。

“我是这么认为的。原住民文化一直与自然世界关联紧密。在原住民中，有很多非常睿智的萨满和治疗师，他们十分了解与自然世界和谐共处的诸多好处。”

“我们忘记了什么呢——还是选择性忽略了什么？”

“忘记了万物有灵，”珍答道，“我认为原住民能感受到所有生命都蕴藏着智慧，他们说到动物和树木时就像在提起他们的兄弟姐妹。我倾向于认为人类智识来源于那个创世的智能。

我们正逐渐了解树木的神奇之处，了解它们如何在地下交流，甚至互相帮助［珍·古道尔研究会／蔡斯·皮克林（Chase Pickering）］

看看树木的例子！我们现在知道它们可以通过地下根系网络和附着在根上的微型真菌——那些细细的白色菌丝——来交流信息。”

我之前了解过苏珊娜·西马德（Suzanne Simard）的工作，她是发现这一奇妙现象的生态学家之一。她将这种网络称为“树联网”，因为整个森林的树木都在地下相互联通。通过这个网络，树木可以接收到亲属的信息，了解它们的健康状况和需要。

珍和我花了一小会儿时间讨论了这个激动人心的研究，然后她给我讲了德国护林员彼得·渥雷本（Peter Wohlleben）的故事，他也给世界科普了树木鲜为人知的秘密。

“有趣的是，”她说，“彼得和苏珊娜都是从做护林员开始的，他们管理森林，是为了以效益最高的方式采伐森林。15年后，彼得不做这份工作了，因为他发现他心爱的那片森林不需要任何管理就能自己长得很好。所以他决定投身于保护那片森林的工作，尝试去了解那片森林。他写了一本书，名叫《树的秘密生命》。老实说，我认为这本书能让人很好地了解树木，与《黑猩猩在召唤》对黑猩猩的意义是一样的。"

"是的，苏珊娜现在写了一本书叫《森林之歌》，也发挥了类似的作用。"我说。

珍看着外面悬在窗子上方的树枝，脸庞被我们小屋里的灯光微微照亮。我很想知道她在想什么。

"对我们生活的这个不可思议的世界，我始终感到惊奇和敬畏。可事实是我们在能够了解它之前就开始摧毁它了。我们认为我们比自然更聪明，但并非如此。诚然，我们人类的智识是不可思议的，但我们必须谦虚，承认自然界中还有更伟大的智慧。"

"你觉得我们有希望找到回归自然智慧的道路吗？"我问。

"是的，我觉得有希望。但话说回来，如果没有头脑和心灵的共同努力，没有智慧和同情心，未来将会非常严峻。希望仍然是关键，因为没有它我们只会变得冷漠，继续亲手葬送我们孩子们的未来。"

"我们真能修复现在造成的所有损害吗？"

"我们必须修复！"珍提高了声音说道，"我们已经开始做了。大自然就在那里，准备加入进来，努力自我修复。自然有着异乎寻常的韧性。而且我们要记住，自然可比我们有智慧多了！”

就这样，我们完美切换到了珍的第二个希望的理由。

理由 2：

自然的韧性

“我们散散步吧。”第二天早上珍说道。我们穿上夹克走到外面，周围空气清冽，保护区里北风呼啸而来又穿林而去。“我们回来后可以做点热东西喝。”当我们关上门时珍鼓励我。“每天至少散一次步是很好的，”走了几步后她说道，“但如果不带狗我真的不爱去。”

“为什么呢？”

“狗给散步赋予了意义。”

“怎么说？”

“嗯，你可以让别人开心。”我想起了珍在坦桑尼亚的家里收养的几只狗，被大小生灵包围着似乎是她最快乐的时候。

这是一条环绕着小湖的优美小径，珍担任向导，一路上指给我看她前一天看到的各处景色。树木大多已经掉光了叶子，冬天的土地一片沉寂。

我们走了大约 30 分钟后，太阳破云而出，照亮了远处的一棵大树。

“我们走到太阳下那棵树那里，”珍说，“然后就回来吧。”

只要是去暖和的地方我就乐意。经受了多年的强风，这棵树向一边倾斜着。

我们到了，珍把手放到这棵漂亮得惊人的橡树被苔藓覆盖的树干上。“这就是我想来打个招呼的树……‘你好啊，大树。’”这棵树为我们挡住了风，阳光洒落到我们的脸上。

“真美。”我说，然后碰了碰珍刚才亲昵地抚过的松软绿苔。珍告诉我，她小时候对家中花园里的一棵山毛榉树有深厚的感情。她常常爬上去读《杜立德医生》和《人猿泰山》这两本书，一连好几个小时消失在这棵大树枝繁叶茂的怀抱里，感觉离鸟儿和天空都更近。

“你给那棵树起了名字吗？”

“就叫山毛榉，”珍说，“我非常爱它，以至于说服了我的外祖母——我们叫她丹妮——把它送给我当作14岁生日礼物，我甚至还起草了一份赠树的遗嘱让她签字。我用一个篮子和一根长绳把我的书吊上去，有时候还在上面写作业。我梦想着去野外和动物们一起生活。”

“我知道你主要研究动物，但为上一本书《希望的种子》（*Seeds of Hope*）做研究时你也吸收了很多关于植物的知识。”

“是的，我非常喜欢那次经历。植物王国，多么迷人的世界。你想一想，没有植物就不会有动物，不是吗！也不会有人类。想想就能明白，所有动物的生命最终都依赖着植物生存。一种令人惊叹的生命织锦，一针一线互为经纬。我们还有那么多要学的东西——谈到对生命的理解，我们就像进入树林里的幼童一样茫然无知。我们对脚下土壤中不可计数的生命形式的研究几乎还没开始。想想看 —— 这棵树的根深深地扎向地底，了解许多我们并不了解的事，然后把秘密一直送到我们头顶上方的树枝那里。”

当珍的目光从地面一直往上望向树顶，我眼前生动地出现了她坐在山毛榉上随风摇晃的画面。我还想到了她在坦桑尼亚描述椋鸟啁啾时手在空中飞舞的样子，想到她提到自然学家需要有共情、直觉，甚至爱。我想知道她在自然界最深的奥秘中发现了什么，以及为什么她的发现给她带来了平静和希望，这两样都是我无比需要的东西。

“珍，你说大自然的韧性给了你希望 —— 为什么？”

珍微笑地看着我们面前的大树。她的手仍然停留在它长满了苔藓、粗糙又古老的树皮上。

“我想我最好用一个故事来回答你的问题。”

我发现珍经常用故事来回答问题，于是我告诉了她这一点。

“是的，我发现故事比任何事实或数字都更能触动人心。人们即使不记得故事的所有细节，也能记住一个好故事传达的信息。总之，我想用一个故事来回答你的问题 —— 它始于 2001 年 9 月 11 日那个可怕的日子，双子塔倒塌以后。那一天永远改变了这个世界，我正好在纽约。我依然记得整个城市都安静了下来，记得那种不敢相信发生了什么的恐惧和混乱，空无一人的街道上警车和救护车呼啸而过，警笛声格外刺耳。”

（上）从归零地[*]救出的“幸存之树”遭受了重创。戴安全帽的女士是丽贝卡·克拉夫（Rebecca Clough），她是第一个发现这棵树还有生命迹象的人。由丽贝卡开始，许多热心人士加入了救助，帮助这棵树存活了下来［迈克尔·布朗（Michael Browne）摄］

（下）“幸存之树”现在的样子，它在美国“9·11”国家纪念博物馆仍在蓬勃生长［“9·11”国家纪念博物馆，埃米·德雷埃尔（Amy Dreher）摄］

---

* 归零地（Ground Zero），遭受“9·11”恐怖袭击的世贸中心遗址。——译者注

我的记忆闪回到那个残酷的日子，我们现代世界的两根支柱在那天坍塌了。作为一个生于斯长于斯的纽约人，这次恐怖袭击于我而言是一次深刻的个人经历，因为袭击发生时很多人都有认识的朋友或家人在双子塔现场。我想到了归零地的巨大坑洞、那些破坏和当时一切的恐怖记忆。

珍继续讲述道："在那可怕的一天过去了10年之后，有人向我介绍了'幸存之树'——一棵豆梨树，双子塔倒塌一个月后，它被一名清理工人发现，压在两块混凝土之间，剩下半边被烧得漆黑的树干，根部折断，只有一根树枝还活着。"

"它差点儿被送往垃圾场，但找到它的那位年轻女士丽贝卡·克拉夫恳切地为这棵树争取到了活下来的机会。然后它被送到了布朗克斯的一个养护所接受照顾。让那棵严重受伤的树恢复健康不是一件容易的事，很长一段时间它的情况都不太稳定，但最后它活过来了。恢复得足够强壮之后，它被移回了现在的'9·11'国家纪念博物馆，到春天会盛放出一树雪白的梨花。现在很多人都知道了它的故事，我见过人们望着它抹眼泪。它完全就是自然韧性的象征，也是一座纪念碑，提醒着人们记住在大约20年前那个可怕的日子里失去的一切。"

珍和我静静地站了一会儿，想着那棵树的坚韧。然后珍重新开口了。

"还有另一个'幸存之树'的故事，在某种程度上甚至更加传奇，"珍说，"1990年我访问了长崎——二战结束前第二颗原子弹落下的城市。接待我的人向我展示了这座城市被彻底摧毁后可怖的照片。核爆炸产生的火球温度达数百万摄氏度，与太阳的温度相当。照片中的这座城市看起来就像是月球的表面，或者我想象中的但丁地狱。科学家们预测几十年内将没有任何生物可以生长。但令人惊讶的是，两棵500年树龄的樟树却幸存了下来。虽然只剩下小半截树干，绝大部分树枝已经化为齑粉，一片叶子都没留下，但它们还活着。”

“他们带我去看了其中一棵幸存下来的树。它现在长得很大了，但它粗壮的树干表面伤痕累累，你可以看到里面被燎得焦黑。但每年春天，那棵树都会长出新叶。许多日本人视它为和平与生存的圣碑，会在纸卷上用小字写上祈祷文，挂在树枝上以纪念那些死者。我站在那里，在人类所造成的破坏和大自然难以置信的韧性面前感到惭愧。”

珍的声音充满了敬畏，我可以看出她的思绪已经飘出很远，沉浸在那次的经历里。

这两个故事让我动容，但我仍然不太明白，这几株顽强之树的故事如何构成了珍对人类世界和这颗星球仍然怀抱希望的重要理由。

“能不能再跟我说说看，你从这些树木的幸存故事里，得到了什么关于自然韧性的一般性结论吗？”

“嗯。我记得贡贝发生过一场非常严重的森林大火，吞噬了森林覆盖的山谷上方的开阔林地。一切都被烧焦了。然而就在几天之内，一场小雨过后，新草从黑色的地面破土而出，整个区域仿佛都被浅绿色的地毯所覆盖。一段时间后雨季正式开始，几棵我之前以为已经完全枯死的树也发出了新芽。山坡从死亡里重生了。我们在全世界范围内都可以看到这种韧性。不

在摧毁日本长崎的原子弹爆炸中幸存下来的树。树干上巨大的黑色伤口记录了它遭受的巨大伤害。它还活着，并且在日本被许多人视为神圣的存在［梅根 · 多伊彻（Meghan Deutscher）］

仅仅是植物，动物也可以再生，想想石龙子。”

“石龙子？”我问。

“一种蜥蜴，它会自断其尾来分散捕食者的注意力，捕食者会扑到那条扭动的尾巴上，石龙子则趁机逃跑。很快一条新的尾巴就会从血淋淋的断面重新长出来，连脊髓都会长出新的。火蜥蜴能以同样的方式断尾重生，章鱼和海星可以长出新的腕足。海星甚至可以将营养物质储存在断掉的腕足中，让断腕长出新的身体和嘴！”

“但我们不是把自然推到了崩溃的临界点吗？是否存在这

样一个临界点，越过之后自然就无法自愈，损伤也没法再修复了？”我问珍。我想到我们排放的温室气体将太阳的热量困在地球上，已经导致全球气温上升了 1.5 摄氏度。全球变暖加之栖息地的破坏，使生物多样性的丧失速度上升到了可怕的程度。联合国 2019 年发布的一份研究报告表明，现有物种的灭绝速率是自然灭绝速率的数十倍到上百倍，人类活动将导致 100 万种动植物在未来几十年内面临灭绝风险。我们已经使 60% 的哺乳动物、鸟类、鱼类和爬行动物从地球上消失了——科学家们称之为“第六次大灭绝”。

我向珍坦陈了我的恐惧。

“没错，”她承认道，“从很多方面来看，自然已经被我们的破坏行为推到了崩溃的边缘。”

“然而，”我说，“你仍然对大自然的韧性抱有希望。老实说，对地球未来的研究和预测都非常不乐观。自然真的有可能在人类这样的侵略和破坏中幸存下来吗？”

“实际上，道格，这正是我们写这本书如此重要的原因。我遇到过很多已经放弃了希望的人，包括那些致力于保护自然的人。他们目睹了太多挚爱的栖息地被损毁，经历了太多保护项目的失败，拯救某一地区野生动物的努力也付诸东流——因为政府和工商界优先看重的是短期收益，而不是为未来世代保护环境。正因为如此，越来越多的人感到焦虑甚至陷入深深的抑郁中，各个年龄层都有，大家都知道正在发生什么。”

“有个专门的词可以用来形容这个，”我说道，“生态悲伤。”

生态悲伤

“我读过美国心理学会的一个报告，”我继续说道，“报告发现气候危机会给人带来一系列情绪，包括无助、抑郁、恐惧、末日感或者无能为力等。他们目前称之为生态悲伤或者生态焦虑。”

“这样的现实摆在眼前，恐惧、伤心和愤怒都是很自然的反应，”珍说，“如果不先承认我们对自然造成的损害，或者不去正视目睹巨大损失的人们感受到的切身痛苦的话，任何对希望的讨论都是不现实的。”

“你有过这样的情绪反应吗？”我问珍。

“经常会有，可能比别人经历的还要频繁得多。我记得差不多十年前有一次，开春后的某一天，我在格陵兰与因纽特长者们共同目睹了一座巨型冰川瀑布式地崩塌后分裂成了无数座小冰山。因纽特长者们说，在他们年轻的时候，那一带的冰即使在夏天也从没化过。可那会儿还是晚冬呢。他们潸然泪下。那是气候变化的现实第一次让我感受到切肤之痛。看着原本坚实的冰面碎成了无数个漂浮的冰筏，想到北极熊的困境，我心里难受极了。”

回忆起那次经历，珍的面部表情严肃了起来。“我从那里飞到了巴拿马，”她继续说道，“在那里我见到了一些原住民，他们被迫迁离了世代居住的岛屿。融冰和温暖的海水导致海平面升高，潮水对他们的家园构成了威胁，他们已经别无选择。一前一后这两次经历对我造成了深刻的影响。”

“看着自己热爱的地方被无可挽回地改变或毁灭，我们会有深刻的触动。”我说。

“我们也看到了野火是怎么在澳大利亚全境、亚马孙、美国西部甚至北极圈内肆虐的，”珍说，“我们造成的伤害让人和动物都深受其苦，不感到悲哀是不可能的。”

在这次谈话刚好 9 个月后，加利福尼亚州和世界其他很多地方遭遇了现代史上最严重的野火季。超过 1 万场的火情，燃烧面积约 400 万英亩*，占了整个加利福尼亚州的 4%。我目前住在加州圣克鲁斯县，有一场野火就发生在我家的 10 英里**开外，仅在这个地区就有近千个家庭的房屋被摧毁。连续几个星期空气都令人窒息。有一天格外像世界末日，天空一直是暗沉沉的，颗粒物遮天蔽日，没有一丝阳光能透进来。走进大火后的森林，就像是走在被厚厚的尘土覆盖的灰色月球表面。

“我曾经和一个人聊过，”我说，“她对我们应该怎么去面对和疗愈悲伤有深刻的洞察。”

我给珍讲述了阿什莉·昆索洛（Ashlee Cunsolo）的事，她在加拿大拉布拉多地区努纳齐亚福特（Nunatsiavut）的因纽特社区工作，她受气候变化的影响很大。她一直在采访当地社区，记录他们的家园之殇——冰川融化、气温上升、植被和动物的改变——从很多方面来说，他们的整个生活方式都在消失。

---

* 1 英亩 ≈ 4 046.86 平方米。——编者注

** 1 英里 ≈ 1.6 千米。——编者注

“昆索洛听到了各种各样的绝望故事。在她着手将这些故事整理成论文的时候，她的胳膊和手开始出现大面积的神经性疼痛，严重到她几乎没办法打字和工作。

“她去看了很多专科医生，但查不出神经有什么问题。最后她去了一位因纽特长者那里，这位长者告诉她：‘你没有把你的悲伤释放出去。你的身体在阻止你打字，因为你在试图诉诸理性而不是感受它。如果你不把悲伤从身体里放出去，你的身体是没办法好好工作的。’他还告诉她要给自己的悲伤留出空间，和它对话。此外，她还需要找到每天让自己敬畏和喜悦的东西。”

“她后来做了什么呢？”珍问道。

“她去了森林。在那里她把手浸入冰冷的河水，请求河水把她的痛苦带走。她为她自己和别人造成的伤害向大地道歉。她遭到报应了。”

“昆索洛告诉我，她后来果然在森林里找到了敬畏和喜悦，”我继续说道，“她说，美是常在的，即使在伤痛和苦难中也是一样。她学会了面对黑暗，不去躲起来，这样就不会迷失在黑暗里。”

“有帮助吗？”珍问。

“大约两周时间里她以泪洗面，让悲伤通通流出身体，神经痛就这么消失了。”

“这个故事很精彩，又鼓舞人心。和我内心深处的一些感受很有共鸣，”珍说道，“我认识的一些人被原住民治疗师、萨满或药师治愈过。我本人也感受过他们的力量。”

“和我说说看。”我说。

“我的第一个美洲原住民朋友叫特伦斯·布朗，我们称彼此为精神上的兄妹，我一般叫他的卡鲁克名字，契特库斯。他从母亲那里继承了加利福尼亚州卡鲁克部落药师的身份。有一次我去看他时，我刚得过某种不知名的疾病，虽然身体正在恢复中，但仍然虚弱，精神也很不好，维持工作状态都很勉强。契特库斯拿出他的毯子，里面放着他的鼓、贝壳项链和一把鹰羽扇，还有一些神圣植物的根，用他们的语言拼作‘Kish’wuf’。他把根熏烤出芳香的烟，放进一个鲍鱼壳里。然后他一边轻柔地敲鼓，一边诵念疗愈的祷词，让我闭上眼睛站着，用羽毛轻轻地把烟雾扇向我周身。之后我的疲惫感就完全消失了。

“从那时起，他每天都在黎明和黄昏燃起Kish’wuf烟，为我祈祷。他告诉我，如果烟雾直直地升起来，他就知道我好好的。我的另外两个美洲原住民朋友——马克·霍尔和福里斯特·库奇每天早上也为我祈祷。难怪我一直都这么健康！”

“这太棒了，”我说，“我认为这是一种人与人之间相互联结的力量——我们的复原有赖于人与人之间关系的质量和我们相互支撑的方式。”

研究证明，社会支持对于保持希望的确至关重要。珍的话也让我记起了阿什莉·昆索洛的故事里一些其他的细节。

“在她痊愈后不久，昆索洛和五个因纽特社区合作拍摄了一部关于因纽特人的悲伤和失去的电影，”我说道，“把私人的痛苦放到了聚光灯下。人们开始走到一起，共同讨论如何疗愈伤痛，继续生活。”

契特库斯，珍的美洲原住民“精神兄弟”，一边轻轻打着鼓，一边低声诵念祷词，然后把他左手中拿着的 Kish' wuf 的烟扇过来
［罗杰·敏科博士（Dr. Roger Minkow）］

“他们能够聚到一起去表达伤痛，”珍说道，“这对激发他们的能量是有帮助的。”

“是的，”我说，“她的故事让我明白了一点：要想抵御并最终克服绝望和无力感，直面伤痛是非常关键的。那些长者告诉她，不要把悲痛看作需要去回避或者畏惧的东西。如果我们能一起分享哀伤，它就可以好起来。”

“我完全同意。”珍说，“直面伤痛，然后放下我们种种无助和绝望的感受是非常重要的，不如此就没法生存下去。另外，我们能在自然中得到疗愈——至少对我来说确实是这样。”

“问题是采取行动的人还不够多，”我说，“你说过越来越多的人已经意识到了问题，那为什么没有更多的人去做些什么呢？”

“主要是因为我们意识到了人类有多么愚蠢，这把我们压垮了，让我们感到无助，”她答道，“然后人们就陷入了冷漠和绝望，放弃了希望，什么都不做了。我们必须想办法帮助人们明白，我们每个人都可以发挥作用；不论大小，每天我们都可以为这个星球做点什么。成千上万微小的善行积累起来就会带来巨大的不同。这是我不论到哪里都会和人分享的讯息。”

“但你会不会有时也觉得问题太大，完全不知道能做什么？或者觉得无论你做什么，在堆积如山的问题面前都是微不足道的？”

“哦，道格，我对正在发生的这些事情并不是免疫的，一样也会被它们打击到。举例来说吧，有一个地方，在我记忆中是一片宁静的林地，树木成荫，鸟鸣啁啾，但我回到那里时，却发现它在短短两年内就被夷为平地，就为了修建一个新的购物中心，这种时候我当然难过。但我也会感到愤怒，并尽量让自己振作起来。我会去想所有那些仍旧天然而美丽的地方，我会去想我必须为保护它们加倍努力。我也会去想那些被当地民众的行动所拯救的地方。人们需要听到这样的故事：那些斗争成功的案例，和那些不言放弃的人最终胜利的故事，这样的人被打趴下之后会马上站起来，开始备战下一场。”

“但能靠这些社区的行动全面取胜吗？”我问道，“那么多物种已经灭绝了，那么多栖息地被破坏了，说恢复显得不太现实。我们想阻止自然世界的全面崩溃会不会已经来不及了？”

珍直视着我的眼睛，目光平直而没有丝毫躲闪。“道格，我真心相信我们可以扭转局面。但是——是的，有一个‘但是’——我们必须团结起来，而且现在就采取行动。我们只有一个小小的机会窗口，而且它正一点点地关上。因此，我们每个人都必须尽我们所能去修复我们造成的伤害，减缓生物多样性的消亡和气候变化。我亲眼见过、亲耳听过数百个成功的案例，遇到了很多做出卓越贡献的人。分享这些故事会给人们带来希望——我相信我们能做得更好。”

珍和我的这次会面后不到一个月，中国报道了第一例新冠肺炎病例。几个月后，绝大多数公共活动因新冠肺炎全球大流行而停摆。但我们在荷兰的森林小屋里谈话时不可能想象到这一切。那时珍仍在不停地出差，去世界各地分享她关于希望的故事，目的地中有很多是难民营和极端贫困地区，她试着去安慰那些处于人生至暗时刻和绝望中的人，拉他们一把。这个担子对她来说一定也不轻，我很难想象。

“你是怎么在努力帮助别人振作精神时保持自己的精神和体力的？”

珍笑了，我可以看到她眼底的决心和坚持。

“当我去和世界各地的人们交谈时，我得到的反馈是很让我振奋的。人们真的很想相信他们可以有所作为，但有时他们需要由目睹过别人行动的人给他们信心。这些反馈对我来说很有帮助，但除此之外，”珍闭上眼睛，深吸了一口气后继续说道，“当我一连好几个小时独自待在贡贝的森林里，我感受到自己是自然世界的一部分，感受到与更伟大的精神力量紧紧相连。那份力量一直伴随着我，我一直可以从那里找到勇气和力量。和他人分享这份力量也有助于我把希望传播给他人。”

太阳躲到云后面去了。我想再多听听，但我们两个人都已经冷得直哆嗦了。“咱们回去吧？”我建议道。

回到屋子里后，我们很快生起了火，围在炉前吃了一顿简单的午饭。我催促珍再说一些故事，讲一讲自然不可思议的韧性。

“嗯，首先你得明白的，韧性有很多种。”珍解释道。

生命意志

“有一种是与生俱来的韧性——就像经过风霜雨雪的寒冬后在春天长出来的树叶，或者只要极少量降雨就可以开放的沙漠之花。一些种子可以在休眠多年后发芽。它们携带着生命的小小火苗，只要条件合适就能释放能量。这就是我的英雄之一阿尔贝特·施韦泽所说的生命意志。”

“所以生存和繁荣是生命一种与生俱来的能力？”

“是的，一点没错。有一个我特别喜欢的故事，是关于一片树林的，它的位置极少有人知道。一位澳大利亚公园护林员戴维·诺布尔发现了一个未被人类涉足的原始峡谷。有次他从一个瀑布的一侧垂降下去，在林地里走着走着，忽然看到了一些他不认识的树。他带了几片叶子回去，交给植物学家进行鉴定，一开始没有人能识别出这些树的品种，但后来他们发现这些叶片和在一块古老岩石上发现的树叶化石印记是一致的，你可以想象到他们有多兴奋。它来自一个长期以来被认定已经灭绝的物种——一个此前只有化石记录的物种，其实经过两亿年时光仍然存活着。那种树后来被命名为瓦勒迈杉，它们一直生长在那个峡谷里，跨越了 17 个冰期！”

“如此长的时间跨度让你对韧性有了哪些认识？”

“其实就是说明了很多人都说过的一点——我们需要自然，但自然并不需要我们。如果我们在 10 年内恢复一个生态系统，我们会觉得自己取得了一项巨大的成就；如果需要 50 年，就很难让人看到希望——时间似乎太长了，我们也没有耐心。但明白这一点是有帮助的：即使我们人类不在了，自然自己也能应对好我们造成的破坏。”

“所以你是说大自然玩的是长期主义。”我一边说着，一边给我们俩分别倒了一杯咖啡。

“是的，种子顽强的生命力总是让我惊叹。贡贝周围的森林全部被砍光后，我们开始植树，但在陡峭的山坡上种植树木真的很难。后来我们发现这也没有必要，因为一些树的种子虽然可能已经在土里待了差不多 20 年，但土地一抛荒它们就开始发芽了，甚至一些被砍得只剩下树根的树都重新长出来了。”

她说这种自发再生的例子有很多。

“我最喜欢的例子是‘玛土撒拉’（Methuselah）和‘汉娜’（Hannah）的故事，”她说，“它们是两棵非常特别的椰枣树。‘玛土撒拉’是先被‘复活’的，它是在约旦裂谷死海沿岸的希律王沙漠堡垒中发现的种子中的一颗。碳定年法显示这些种子已经有 2 000 多年的历史了！哈达萨大学医院（Hadassah University

Hospital）伯利克自然医学研究中心（Borick Natural Medicine Research Center）的主任萨拉·萨隆（Sarah Sallon）博士和凯图拉（Ketura）基布兹*的阿拉瓦环境研究所（Arava Institute for Environmental Studies）可持续农业中心的负责人伊莱恩·索洛韦（Elaine Solowey）博士得到许可，可以用其中的部分种子做发芽试验。其中一颗种子长出来了，是雄性植株，她们用《圣经》中的挪亚祖父的名字玛土撒拉为它命名，据说他活了969岁。见到萨拉时，我向她了解情况，她告诉我她已获得批准，正在尝试'复活'更多这些沉睡了千百年的珍贵种子，希望其中能有雌株。另一株古椰枣树'汉娜'就是后来发芽的。

"最近我收到萨拉的电邮,她告诉我'玛土撒拉'是一个出色的伴侣,'汉娜'已经成功受精结出了椰枣。巨大又甘美的椰枣。萨拉给我寄了一个，装在一个小布袋里。这种椰枣树曾经遍布约旦裂谷,可以长到40英尺高。我成了第一批品尝这两棵'复生'的约旦椰枣果实的人之一。好吃极了。"

珍闭上眼睛咂了咂嘴，回味着"复生"椰枣的甜美滋味。

"当然,"她继续说，"许多动物也惊人地顽强——生命意志尤其强烈。在美国，尽管郊狼被猎捕，但它们依然扩散到了全境。还有老鼠和蟑螂——"

"要是老鼠和蟑螂能比我们存活得更久，我不确定这会让我觉得更有希望还是相反！"我说。

---

* 基布兹是以色列的一种公有制集体社区。——编者注

上图是“玛土撒拉”，它本来是一颗2 000年前的种子，萨拉·萨隆努力将它从沉睡中唤醒，后来又成功地让雌性植株“汉娜”发芽。“汉娜”已经结出了令人垂涎欲滴的美味椰枣（萨拉·萨隆博士）

“蟑螂可是最顽强、环境适应性最高的物种之一呢。”

“这个我知道，我在大城市里长大，蟑螂和老鼠就算是我们的野生动物了。还有鸽子也是。”

“我知道好多人讨厌这几种动物，但实际上如果放到野外，它们都是生命网络的一部分，有自己的角色和位置。但像我们一样，它们也知道抓住机会，于是它们依靠我们浪费的食物和人类居所附近总能找到的垃圾生存繁衍，日子过得很好。”

我想从珍讲的关于韧性的故事中找到希望，但我依旧困惑。“所以自然是无比强大、充满活力的，可以适应这个星球上的自然周期，但它也能从我们对它施加的各种伤害中恢复过来吗？”

“是的，我完全相信大自然有遭受破坏后自我恢复的神奇能力。它一般能随着时间的推移缓慢地修复。但现在由于我们每天都在不断造成新的严重破坏，所以我们需要经常介入去帮助自然修复。”

“所以，珍，你是说生命本质是坚韧的，可以承受巨大的困难。那么我们可以从大自然的韧性中学到什么特别的东西吗？”

要么适应，要么凋零

珍想了想。“嗯，韧性有一个非常重要的特点，就是适应性——所有成功的生命形式都适应了所在的环境，”她说，“无法适应的物种都没能在进化这场赌博中胜出。正是因为我们无比成功地适应了不同环境，人类才能扩散到世界各地，蟑螂和老鼠也是一样！因此现在摆在许多物种面前的巨大挑战，就是能否适应气候变化和人类对其栖息地的侵占。”

“很有意思，”我说，“跟我说说为什么有些物种能够适应，有些却凋零了吧。”

“有些物种，”珍回答说，“有着非常固化的生命周期、饮食需求等，一旦发生变化就无法生存下去。另一些物种则较为灵活。只要一个或者少数几个个体适应了变化，种群里的其他个体就能学会这种适应，物种就能够存续下去，这是很神奇的。就算损失了一些数量，整个物种依然能够延续。想想那些对工业化农业喷洒的除草剂产生抗药性的植物，以及对抗生素产生抗药性，最后成了超级细菌的菌种。”

“但我最喜欢讲的故事，”珍继续说道，“是高智商动物如何通过观察和学习传递信息。例如，黑猩猩这个物种就是一个能通过同代学习来适应环境的绝佳例子。”

“以什么方式呢？”我问道，珍所讲的关于黑猩猩的故事我都喜欢听。

“贡贝的黑猩猩会做窝并在夜间回窝里睡觉，大部分黑猩猩都是如此。但是塞内加尔的黑猩猩适应了当地飙升的气温和闷热的天气，经常在有月光的夜晚出来觅食，因为夜里要凉快得多。它们甚至会在岩洞里待着，黑猩猩以前从来不会把岩洞当作栖息地。

“乌干达的黑猩猩也学会了在夜间觅食，但是原因不同。随着村庄和人口规模的扩大，黑猩猩生活的森林逐步被农用地侵占。它们的传统食物变得越来越稀缺，于是黑猩猩学会了袭击森林附近的农场和抢农民的庄稼。这是很特殊的，因为黑猩猩在习惯方面一般非常保守，在贡贝它们几乎从不尝试新食物。如果一个幼年黑猩猩试着这样做，它的妈妈或者哥哥姐姐会把它手里的东西打掉！但是乌干达的黑猩猩不仅对食物发展出了新口味，开始吃甘蔗、香蕉、杧果和番木瓜，还学会了在月光下对田地进行突袭——那时它们不太可能遇到人类。

“但如果要说一个适应性特别强的灵长类动物的例子——

当然，除了我们自己 —— 就必须说到狒狒。对任何新食物，它们都会很快地去尝试，因此成了一个非常成功的物种，占据了许多不同类型的栖息地。亚洲的各种猕猴也具有极强的适应能力。而且由于它们对人类食物的喜爱，它们被‘理所应当’地认为是有害的，经常遭到人类捕杀。”

“所以听起来适应性是韧性的核心组成部分，”我说，“有些物种能够设法适应各种新情况，有些却不能。”我在想我们是否能够做到，不仅仅是适应气候变化，还有适应各种能够减缓气候变化的新的生活方式。

“是的，几千年来进化一直都是这样运转的。要么适应，要么凋零。问题是我们搞砸的事情太多了，导致我们经常需要人类干预来避免栖息地的毁坏或物种的灭绝。这就是人类智识发挥重要作用的地方：许多人正在用他们的才智与自然‘合作’，支持自然与生俱来的生命意志。关于帮助自然自我恢复这个主题，我们可以提到很多非凡的人物和精彩的故事。”

反哺“自然母亲”

珍的语气活泼起来，坐在椅子上身体前倾。她用手势强调说，我们需要明白，就算一个栖息地看起来已经被完全毁坏，只要给它时间，它依然能一步步恢复。她说生命的最初痕迹会来自那些十分坚韧的先锋物种，它们会创造出一个环境，让别的生命形式可以搬进来。

“有人专门研究‘自然母亲’运作的方式,然后在尝试恢复被人类破坏的栖息地和景观时加以模仿。”她解释道。

“有一个很好的废弃采石场修复案例。这个采石场靠近肯尼亚海岸线，在地表留下了一个 500 英亩大、寸草不生的‘疤痕’。造成这一破坏的是班博瑞水泥公司，有趣的是，这个庞大的修复项目不是由一群环保主义者发起的，而是由这个公司的高层领导费利克斯·曼德尔（Felix Mandl）发起的。

“他委托公司的园艺学家勒内·哈勒尔（René Haller）来恢复生态系统。最初这看起来是一项不可能完成的任务：哈勒尔找了好几天，只在个别没有粉碎的石头下面找到过一两株勉强活着的植物。别的什么也没有了。

“从一开始哈勒尔就遵循了自然的方式来开展这项工作。他首先选择了一种最适合干旱盐碱地的先锋树种——木麻黄，它在生态修复项目中被非常广泛地运用。在肥料和从成熟木麻黄根系中移植过来的小型真菌的帮助下，种子开始生根发芽了。问题是它们的针状叶在落下后没法在致密的盐碱地上腐烂分解，其他植物也就无法进入这片区域定居。但是观察力敏锐的哈勒尔总是愿意从自然的智慧中学习——他发现一些有着发亮的外壳和鲜红色足的漂亮马陆很喜欢吃这种针状叶，而它们的排泄物正是培育腐殖质的绝佳物质。他从周围的村落里搜集了好几百只马陆。有了肥沃的腐殖质层，其他植物也开始生长。

“十年后第一批发芽的树已经长到 30 米那么高，土层厚度足以养活 180 多种本土树木及其他植物。各种鸟类、昆虫及其他动物开始回到这里，最后还引入了长颈鹿、斑马甚至河马。今天，这里被称为哈勒尔公园，迎接世界各地的人们到访参观，其本身也成了修复项目的典范。”

“多么神奇的故事，不是吗？”珍总结道，“这不光是一个修复工业损害的故事，也是一个公司首席执行官的故事。他因为相信这么做是正确的，完成了这项修复工作，远远领先于当下很多公司的绿色行动。这个例子很好地证明了，即使我们完全毁掉了一个地方的环境，只要给它一点时间加上一些帮助，自然生命就能回归。”

我想象着如果我们在所有被糟蹋的地方开始这样的修复工作，世界会是什么样子。我读过一份报告，报告研究的受损生态系统中的绝大多数在10年到50年内得以复原，海洋恢复得稍快，森林略慢。“你对‘再野化’世界上部分地区的运动感兴趣吗？”我问珍。

“我认为这是一件很棒的事，非常有必要，”珍说，“地球上有这么多人，人类和我们的牲畜还有我们的宠物已经占据了动物的绝大比例。我们必须为野生动物留出空间。关键是‘再野化’真的开始起作用了！”

珍告诉我，欧洲各地的民间机构、政府和普通民众已经开始共同保护大面积的森林、林地、荒野和其他栖息地，并通过树木和其他植物构建的廊道把栖息地连接起来，这样动物们就能够在不同区域之间安全通行，防止过度近亲繁殖。非政府组织“再野化欧洲”（Rewilding Europe）正在实施一项雄心勃勃的计划，在欧洲十个不同的地区保护各类栖息地，建立生态廊道，保护和恢复各个动物物种。

珍历数着这些行动，眼睛被热情点燃了，熠熠发光。

“回来的动物有哪些呢？”我问。

“我们来看看，”珍说道，然后开始掰着手指头算，“嗯，有驼鹿，还有那些长着特别威风的卷角的羱羊，金豺——实际上就是一种小型灰狼。哦，还有普通的狼，对人们来说可能不算是很理想的偶遇对象。欧亚河狸、伊比利亚猞猁——一种漂亮得惊人的猫科动物，仍然是世界上最濒危的大猫之一。在一些国家甚至出现了棕熊。各种鸟类开始繁衍生息，比如大天鹅、白尾海雕、兀鹫，还有埃及秃鹫。其中有一些已经几百年没在野外被发现过了。”

“你提起这些不同的物种时的熟悉和轻快，就好像在叫朋友的名字一样。”

“嗯，”她说，“因为这对我来说很重要。这些都是我用来抵消各种悲观和消极情绪的故事。”

“是挺让人鼓舞的，”我说，“谁在牵头拯救这些动物呢？是民间保护团体吗？还是非政府组织？普通人？带来改变的是谁呢？”

“一般就是普通人，”珍说道，“有些农民参与了‘再野化’行动，让农用地回归自然，尤其是一开始就不太适合开展农业活动的那些地块。有些项目的触及面非常广，也获得了很多支持。”

我告诉珍，我的岳父在伊利诺伊州有个农场，他种植本地的草种，欣慰地看到野生火鸡和其他物种回归了。我一直记得他开着拖拉机巡视他的土地，打理本地作物的样子。但野生火鸡是一回事，一些“再野化”计划希望狼和美洲狮等捕食者回归，这又是另一回事。

“我能想象到，是否有些人并不喜欢‘再野化’或者把土地让给动物，尤其是肉食动物？”

“确实是这样，”珍说，“非洲和美国一样，当地农民担心捕食者会伤害牲畜，钓鱼的人和猎人担心有些动物会影响他们的‘运动’。但随着越来越多的人意识到动物也有生存的权利，也是有着个性、头脑和情感的生灵，公众对这些计划的支持会越来越多。真正令人兴奋的是，一些重新出现的欧洲平原物种本来已经处于灭绝的边缘，但为数不多的投入这项工作的人想尽办法拯救了这些高度濒危的物种，给它们再次争取到了生存机会。它们已经不用被列入‘已灭绝的生命形式’那份长长的名单中了。”

“你最喜欢的从灭绝边缘拯救物种的故事是什么？”

灭绝边缘的救赎

“这个故事里有三个特别的角色，”珍开始讲述，“唐·默顿（Don Merton）博士，一个富于冒险精神的野生生物学家，和一雌一雄两只查岛鸲鹟（查塔姆岛黑知更鸟）。这个故事的开头我就很喜欢——欧洲的知更鸟，就是圣诞卡片上会出现的那些，是我特别喜欢的鸟，黑知更鸟的外貌和它们没有差别，只

唐·默顿与一只黑知更鸟。唐投入的热情和聪明才智把这种极度濒危的鸟类从灭绝边缘拉了回来［罗布·查普尔（Rob Chappell）］

不过颜色不同。根据腿部套着的识别环的颜色，这两只特别的鸟分别被命名为‘蓝蓝’和‘黄黄’。”

“我在新西兰巡回演讲期间见到了唐，所以原原本本地听到了事情的全部经过。唐是那种最能激励人心的人，让我对未来生出许多希望。他下决心拯救这种鸟仅存的最后几只个体，使这个物种不至于灭绝。

“问题在于新西兰没有天然的捕食者，在人类引入猫、老鼠和白鼬之后，鸟类就成了它们的猎物，而本土鸟类之前没有进化出任何反捕食机制，它们适应不了这类威胁。唐想帮助这个眼看就要灭绝的物种，这意味着他必须以某种方式捕捉仅剩的几只黑知更鸟，再把它们放到一个远离捕食者的离岸岛屿上去。

“获批开展这项工作后，春天天气一好转他就去找这种知更鸟，却发现只有七只了。整个地球上最后的七只。里面有两只雌鸟，随后的第一个产卵季里它们都生了蛋，但全部没有孵出来。这种鸟通常是终身一夫一妻制，显然它们的配偶是不育的。然而令人惊讶的是，出于某种神奇的原因，蓝蓝忽然抛弃了它的伴侣。它与三只年轻雄鸟中的一只重新结合，一起筑了巢，然后产下了两颗正常的蛋。

“唐告诉我当时他面临着一个艰难的选择。他曾参与一项成功的圈养鸟类繁殖计划，用到了一个复杂的实验性方法，这对亲鸟似乎挺残忍的，尤其是母鸟。这个方法是把那两颗珍贵的蛋从蓝蓝身边拿走，放到山雀的巢里——那是一种和知更鸟差不多体形的小型鸟——让其代为孵化，然后看看蓝蓝和黄黄会不会再做一个窝，再产两个蛋，他敢吗？他告诉我，当他拿走蓝蓝的蛋，拆了那个精心制作的鸟巢时，他感觉可糟糕了。整个物种的命运取决于这对夫妇是否再次筑巢。如果它们没有再筑巢，就此走向灭绝，那责任都在他头上。

“当它们真的筑了另一个巢，蓝蓝又产下两颗蛋时，你可以想象唐松了多大一口气。他决定如法炮制一次。他把这两颗蛋交给了另一对山雀夫妇孵化，蓝蓝和黄黄筑了第三个巢，再次产了两颗蛋。”

我试着想象他们从蓝蓝和黄黄的巢中偷出鸟蛋再悄悄地塞进另一个鸟巢里的情景。“他们是怎么弄到山雀来孵蛋的？”我问。

“这个嘛，杜鹃鸟就会把它们的蛋塞给各种别的鸟去养。鸟类中代孵其他鸟的蛋这一现象还是挺常见的。真正的挑战是在成功孵化以后，唐不能把黑知更鸟雏鸟留给山雀喂养，因为那样它们就没法习得黑知更鸟的生活习性了。他把刚孵化的雏鸟放回了蓝蓝和黄黄的巢里，黄黄开始给它们喂食。当唐把第二批孵化的雏鸟放回去的时候，第三批蛋也破壳了。蓝蓝和黄黄的抚养负担大幅增长，一般一对亲鸟只需要喂养两只雏鸟，现在来了六只。

“唐告诉我，当他轻轻地把最后两只刚出壳的雏鸟放进蓝蓝的巢里时，它抬起头看着他，就像是在说：‘怎么还有啊？’他告诉蓝蓝，亲爱的没事儿，我们会帮你一起喂养它们。他们搜集了各种昆虫、昆虫幼虫和蠕虫供应给这个兴旺的小家。

“唐和他的团队在那之后的几年里重复运用这个方法繁育幼鸟。大部分雏鸟在换羽后寻得了配偶，繁衍出了下一代。到今天已经有大约 250 只黑知更鸟了。

“想一想 —— 唐、蓝蓝和黄黄就这样拯救了这个物种，”珍说道，“蓝蓝比平均寿命多活了四年。它于 13 岁去世时已经是一只非常著名的小鸟了，人们亲昵地叫它‘老蓝’，还给它打造了一座纪念雕塑。”

珍显然打心底热爱着物种保护和救助的工作，对类似故事如数家珍，似乎讲也讲不完。她告诉我还有很多这样依靠智慧和决心把物种从灭绝边缘救回来的例子，绝大多数是以人工圈养的方式。北美大草原的黑足鼬之前被认为再也不会出现了，但有次一个农夫的狗杀死了一只，由此发现了幸存下来的一个很小的种群，科学家们成功实施了圈养繁育计划。美洲鹤、游隼、伊比利亚猞猁和加州兀鹫野外存活的个体一度降到了个位数，后来都被成功挽救了回来。野外灭绝后通过圈养繁殖计划维持种群并再放归的物种还有很多，比如中国的麋鹿和阿拉伯半岛的阿拉伯剑羚。还有更多的鱼类、爬行动物、两栖动物、昆虫和植物，因为很多关心动物的人的决心和艰苦努力而免遭灭绝。

“我今天刚收到一封电子邮件，是关于美丽的弯角剑羚的好消息，”珍告诉我，“它们曾经遍布北非和阿拉伯半岛的沙漠地区，但因猎杀而致野外灭绝。只有圈养繁殖计划能拯救这个物种。”

“这是个美得惊人的物种，我一直密切关注这个项目。2016年，第一批25只弯角剑羚被放归到了原栖息地——乍得境内一片很广阔的自然区域。在这之后每年都会有一小群弯角剑羚被放归，现在那边已经有了265只成年和亚成体弯角剑羚，还有72只幼崽，全都悠游自在，看起来适应得很好。

“这个消息是阿布扎比环境署的贾斯廷·楚文（Justin Chuven）带给我的。我向他提了一个问题：这个物种是不是真的6个月不喝水也能活下去？他说六七个月不喝水是常事，最多可能一年中长达9个月没有饮水！”

“这么久不喝水也能生存，太不可思议了，”我说，“它们怎么做到的？”

“贾斯廷告诉我，这种羚羊依靠富含水分的植物生存，其中有一种非常多汁但难吃的苦瓜。他说观察剑羚在这种植物丛里进食是一件相当有乐趣的事。它们每个瓜都只咬一口，每次都

被一项庞大保育计划救助并野化放归的雌性弯角剑羚，在回到乍得原来的野生栖息地后诞下了第一只幼崽。珍收到这张照片时，眼里涌出了泪水（贾斯廷·楚文／阿布扎比环境署）

厌恶地摇摇头，然后换一个瓜再咬一口——大概希望下一个不会那么苦，但从来都没找到过！”

这些英雄式的物种保护故事让我深受鼓舞，但我知道并不是每个人都相信救助项目值得这么多的精力和成本。“对那些认为保护濒危物种的行动纯属浪费钱的人，”我问，“你会说什么呢？毕竟放到地球生命史的尺度上去看，99.9% 的物种已经灭绝了，人们可能想知道：为什么现在要开始花钱拯救物种呢？”

生命的织锦

“道格，你刚才也提到过，因为人类活动，今天物种的灭绝速率比之前要快了很多很多倍，”珍说着，脸色也沉了下来，“我们需要做的，是修复我们自己造成的破坏。”

“这不仅仅是为了让动物受益。我一直努力让人们了解，我们人类是多么依赖自然界来获取生存必需品，食物、空气、水和衣服——所有的一切。但只有健康的生态系统才能够满足我们的需求。在贡贝雨林中的日子让我学到了每个物种是如何在系统中扮演特定角色的，整个系统里的一切又是如何脉脉相通、休戚与共的。每一个物种灭绝都像是在美丽的生命织锦上扎了一个洞。越来越多的洞会削弱生态系统。随着织锦越来越破碎，生态系统就会濒临崩溃。这时候纠错就变得无比重要了。”

“从长远来看，这真的有效吗？”我一边问着，一边和珍一起挪到了炉火近旁。我把毯子递给了珍，这次她把它像披巾一样绕在肩上。我接着问道：“你能给我举个例子，说明这些努力能产生什么样的效果吗？”

“我认为最好的例子是美国黄石国家公园生态系统的恢复。”

珍接着解释了 100 年前灰狼是如何在北美大部分地区被赶尽杀绝的。狼群消失后，驼鹿在黄石国家公园过度繁殖，给生态系统造成了压力。因为灌木丛消失，老鼠和兔子无处藏身，数量直线下降。没有那么多花可以让蜜蜂授粉了。灰熊也没办法摄取足够的浆果来为冬眠做好准备。在那之前，狼群的威慑可以让驼鹿远离河岸，因为那里没有遮蔽，驼鹿容易受到攻击。狼群没了之后，驼鹿有更长的时间在河边待着，鹿群的踩踏使河岸更易被侵蚀，继而导致河流变得浑浊。浑水中的鱼群少了，河狸也没办法筑坝，因为太多的小树都被数目巨大的鹿群毁掉了。

灰狼被重新引入黄石国家公园后，驼鹿从 17 000 只左右降低到了 4 000 只，这是一个更可维系种群的数量。郊狼、鹰和乌鸦等食腐动物的种群开始繁荣起来，灰熊也是。连驼鹿自己的日子也好多了，因为种群数量稳定在更健康、更有韧性的水平，它们也不至于在越冬时饿死了。对于人来说，公园周围地区有了更清洁的饮用水，旅游业随着狼群的回归实现了大幅增长。我开始明白珍所说的生命织锦和休戚与共的意思了。

“如果媒体能为这些振奋人心又充满希望的消息多留点空间就好了，其实这些消息还挺常见的。”珍总结道。

我问珍，是否有人问过她与其花那么多钱保护动物，将这些钱用来帮助那些急需的人岂不更好。

“没错，我经常被问到这个问题。”珍说。

“你怎么回答呢？”

“嗯，我会说，我个人认为动物和我们一样有在这个星球上居住的权利。而且，我们其实也是动物。珍·古道尔研究会和现在许多其他保护组织一样，同样也关心人。事实上越来越清楚的是，除非当地社区以某种方式受益并参与其中，否则保护工作是无法成功的，也无法持续下去。这两件工作必须齐头并进。”

“你在贡贝附近发起了这类项目，”我说，“能和我说说这项工作是如何开始的吗？”

“1986 年我去了非洲六个开展了黑猩猩研究的国家，想找到黑猩猩数量下降的原因和应对的办法。我看到了很多：森林栖息地的毁坏和那时刚开始的丛林肉贸易，也就是商业猎杀野生动物然后将其作为食物售卖，或者杀死母亲，把幼崽卖作宠物或表演动物。就是那次旅程让我深刻认识到了生活在黑猩猩栖息地所在区域或附近的非洲人民面临的困境。触目惊心的贫困，卫生和教育设施的缺乏，还有土地的退化。

“我为了弄明白黑猩猩的困难和人的困难之间的内在关联，做了更多的实地调研。除非我们先帮助那些人，否则我们帮不了黑猩猩。我就从贡贝附近的村子开始了解情况。”

珍告诉我，她知道许多人都很难理解那个时期贫困的程度。没有像样的医疗保健基础设施，没有自来水，也没有电。女孩们小学毕业后就被迫辍学去帮忙做家务和农活，在青春期就出嫁。很多年长的男性有四个妻子和一大群孩子。

“贡贝附近的 12 个村庄里都有小学。老师可以随时拿藤条打学生，孩子们的大部分时间花在打扫校园的泥地上。有些村庄里有诊所，但几乎没什么医疗设备和药品。

“就这样，珍·古道尔研究会在 1994 年启动了‘关爱’（Tacare）计划，那会儿还没有多少自然保护机构以这种方式开展工作。乔治·施特龙登（George Strunden）是这个计划背后的总设计师，他选择了七位坦桑尼亚本地人组成了一个小小的团队，他们挨个到访了那些村庄，询问有哪些研究会可以帮到的地方。村民们表示想种植更多的粮食作物，有更好的诊所和学校——这些成了我们的起点。我们和坦桑尼亚政府官员共同开展工作，开始的几年里根本没有涉及黑猩猩救助的事。

“因为我们一开始就让坦桑尼亚本地人介入‘关爱’计划的相关项目，本地村民渐渐对我们有了信任，我们就这样逐步开展了一个涉及植树和水资源保护的项目。”

“我听说你也设立了小额信贷银行？”

“对,我认为这算得上我们做得很成功的工作。说来也有点神奇,在‘关爱’项目开始后不久,穆罕默德·尤努斯（Muhammad Yunus）博士——2006年的诺贝尔和平奖得主，也是我心目中的一个英雄——邀请我去了孟加拉国,介绍我认识了几位首批从他开设的格莱珉银行获得这种贷款的女性，当时大银行是拒绝发放小额贷款的。那些女性告诉我，这是她们第一次真正意义上手里有了钱，这给她们的生活带来了极大的变化，现在她们已经负担得起孩子的学费，能够送孩子上学了。我当即决定把这项内容引入‘关爱’计划。

“我后来有一次去贡贝的时候,邀请了第一批在‘关爱’计划的帮助下获得小微贷款的村民来谈谈他们开展的小型商业活动，其中绝大多数是女性。有一个年轻的女孩，只有17岁左右,她虽然非常害羞,但还是急切地跟我讲述了她生活的变化。她拿了一笔数额非常小的贷款，开始经营一个苗圃，为村里的再造林计划提供树苗。她自豪极了。很快她就还清了第一笔贷款，生意开始挣钱，她也开始计划生养第二个孩子，‘关爱’计

接受了“关爱”计划项目贷款的女性和她开办的苗圃（珍·古道尔研究会／乔治·施特龙登）

划的家庭规划项目也给她提供了帮助。她还告诉我她不准备要第三个小孩，因为想给孩子提供充分的教育。”

“我知道你认为解决环境问题的关键之一，”我说，“是自发的生育控制和增加更多受教育的机会——尤其是女孩们也要能接受教育。”

“是的，这是核心问题。有一次去另外一个村庄时，”珍继续说，“我在一个小学做了一次演讲，遇到了一个获得‘关爱’项目奖学金的女孩，有这笔钱她就可以上初中了。她特别害羞，但对能去城镇里读寄宿初中感到非常兴奋。”

珍笑着对我说，这个项目设计的初衷是专门帮助青春期和青春期后的女孩继续自身学业，但后来她发现了一个问题。那些女孩在生理期没法去上学，因为学校的厕所是一个在地上挖出来的臭烘烘的坑，毫无隐私可言。她们也完全没有卫生巾可用。

“因此我们计划引入‘通风坑厕’。我想在美国你们会说贵宾盥洗室（VIP bathroom），在英国我们说贵宾卫生间（VIP loo）！”她又笑了出来，接着说道，“所以那年我以要生日礼物的名义去筹钱建一个这样的厕所。后来筹集的钱足够建五个！建成之后，我参加了其中一所学校举办的正式启用仪式。那是一场盛会——父母们穿着最漂亮的衣服，几位政府官员到场，还有一大群兴奋的孩子。

“这间建筑有水泥地面，五个带门的小隔间是女孩们的，一墙之隔还有三个小隔间是男孩们的。当时都还没有开始使用。在盛大的仪式上我剪了彩，然后由女校长和一名摄影师陪我来到女生区域。我进了一个小隔间，为了把这事办到位——我坐到了一个马桶上。但我并没有把裤子拉下来。”她脸上挂着一个顽皮的微笑，结束了这段讲述。

“所以你看，”她补充说，“这些女孩现在已经有能力过上摆脱贫困的生活，她们也明白了如果没有繁荣的生态系统，她们的家庭就无法兴旺发达。”

“几乎所有这些村庄里都有需要养护的森林保育区，但到了 1990 年，因为当地人砍柴、烧炭或者给种植庄稼腾出土地，其中的大部分森林已经严重退化。坦桑尼亚尚存的黑猩猩绝大多数都生活在这些保育区中，所以情况很不乐观。但现在一切都发生了变化。我们的‘关爱’计划已经在 104 个村庄中开展了项目，覆盖了坦桑尼亚约 2 000 只野生黑猩猩分布的地域。

“去年我去了其中一个村子，见到了村里两位森林监护员

哈桑是那里的森林监护员之一，在接受“关爱”计划相关项目培训后，他掌握了用手机把动物陷阱还有照片中展示的这种非法采伐记录下来的方法。他也会记录出现的黑猩猩和穿山甲等野生动物［珍·古道尔研究会 / 肖恩·斯威尼（Shawn Sweeney）］

之一——哈桑，他现在已经可以熟练使用智能手机。他非常积极地带我们去了‘他的’森林，给我们展示他是怎么用手机拍摄被非法采伐的树木或者动物陷阱的照片的，并且指给我们看哪儿有新的树苗正在生长。他还告诉我们，他发现动物越来越多了——三天前的夜里他在回家路上发现了一只穿山甲。更令人激动的是，他还找到了黑猩猩的踪迹，发现了三个窝和一些粪便。”

“挺遗憾的，我没能去贡贝见你。”我说，想到了我当时突然返回美国，并且之后的一段时间都在医院和临终关怀机构陪着我父亲。

埃马纽埃尔·穆提提（Emmanuel Mtiti）从一开始即担任着"关爱"计划的负责人。他很聪明，有天生的领袖气质，是说服村长们加入项目的最佳人选。在这个位置可以俯瞰这项旨在帮助人、动物和环境的"关爱"计划所覆盖的大片区域［理查德·科伯格（Richard Koburg）］

"你做了你最该做的事。以后还有机会的。"

"如果你去了，你会发现真的非常棒，"珍继续说道，"这个计划——首先关爱人，然后他们就有更多的能力去关爱自然，它奏效了。"

"村民们现在非常渴望了解关于农林业和可持续农业的事，农民会在他们的庄稼中间种植树木来帮助遮阴，固定土壤中的氮。所有村庄都在开展植树项目，贡贝周围的山丘已经不再是光秃秃的了。最重要的是，人们理解了保护森林不仅是为了野生动物，也是为了他们自己的未来。这样，他们就成了我们开展保护工作的合作伙伴。"

珍告诉我，“关爱”计划的方法也被运用到珍·古道尔研究会开展工作的其他六个非洲国家。得益于此，黑猩猩和它们生活的森林还有其他野生动物已经受到了当地居民的保护，它们的未来掌握在他们手中。

“我明白你说的自然韧性和人的韧性之间的关系了，”我说，“应对贫困和性别压迫等人类不公正问题，可以让我们更好地为人类和环境创造希望。我们保护濒危物种可以维护地球上的生物多样性——当我们保护所有生命时，实际上就保护了我们自己的生命。”

珍笑着点了点头，仿佛一位长辈在传授关于生命和生存的要义。我渐渐找到了一点方向。

我看了看时间，快下午四点了。

“哎呀，天快黑了，”珍说，“毕竟是冬天。我们生个火吧，喝一点酒，最后再聊一会儿。我的嗓子需要来一杯。”的确，她的声音听起来有些疲劳了。

珍拿出一瓶和我在坦桑尼亚送她的那瓶一样的尊尼获加，把两只小玻璃杯斟满。

我们再次坐下来，珍举起酒杯。“这杯敬希望。”她说。我们碰了杯，喝了下去。

我们对自然的需要

“最后我还想说的一件事，”珍继续开口道，她的嗓子似乎好点了，威士忌明显起了作用，“那就是我们不光是自然世界的一部分，不光依赖它——我们也需要它。保护生态系统，让世界上更多的地方回归自然荒野，其实保护的是我们自己的福祉。这一点已有很多研究证实，对我个人来说也意义重大。我需要花些时间待在大自然里，哪怕只是坐在树下，在树林中走一走，或听一只鸟儿唱歌都行！这能让我在这个疯狂的世界里找到内心深处的安宁。”

“当我从酒店里俯瞰一座城市时，我会想，这些混凝土的下面是多好的土地啊。我们可以种植些什么，那么就会有树，有鸟儿和花朵。然后我会继续想，如果在城里植树，推动绿色城市建设，那么不仅气温可以降几度，空气污染会减少，水质会改善，我们的幸福感也会大大提高。即使新加坡那样的大都市也开展了用绿色廊道连接小片栖息地的项目，让动物们可以自由移动，寻找食物和伴侣。只要你给机会，自然就一定会回报。每棵树都会带来一点点不同。”

我知道珍也加入了达沃斯世界经济论坛发起的“全球植万亿棵树领军者倡议”来对抗全球毁林的行为。

“树可以拯救我们。”我说。

“种树是很重要的，”珍说道，“保护森林的重要性更甚——树苗需要花上一段时间才能长大到吸收二氧化碳，何况森林本身就应当得到保护。当然我们也应当清理海洋垃圾和减少温室气体排放。”

“你不在贡贝的时候，会去哪里找自然环境来‘修复’你自己呢？”

“每年我都会找时间去内布拉斯加，在我朋友汤姆·门捷森（Tom Mangelsen）的小木屋里住上一阵，他是一个野生动物摄影师。小屋在普拉特河岸边，我会在沙丘鹤、雪雁及很多其他水鸟迁徙时过去。”

“你为什么去那里呢？”我问道，我知道她总是在路上，完全可以选择去世界上的任何地方。

“因为它用一种戏剧性的方式说明了我们一直在讨论的韧性问题。尽管我们污染了河流，尽管草原已被改造成了转基因玉米种植地，灌溉正在消耗奥加拉拉含水层的地下水，大部分湿地已经日渐枯竭——数以百万计的鸟儿仍然每年都来，靠着收获季后剩在地里的谷物长得膘肥体壮。我最爱坐在河岸上看着鹤在壮丽的夕阳下一批接一批地飞过来，听它们古老又狂野的鹤鸣声——一幅非常特别的画面，总能让我感受到自然的洪荒之力。火红的太阳沉到河对岸的树后面去的时候，鸟儿们就落下来过夜了，一条灰色的羽毛毯在浅浅的河上铺开来，那种穿越时空的鸣叫声也渐渐止息。然后我们才在黑暗中走回小屋去。”

珍的眼睛合上了，脸上仿佛泛起光芒，一看就知她回到了当时的情境里，重温着这些神奇的夜晚振奋人心的感受。

我抿了一口威士忌，胸膛里一阵热乎。“我一定要跟你说说我在大自然里的一次无法忘怀的经历。这件事给我注入了很多希望。”我说。

“说说看。”珍回答道，饶有兴致地等待着把一个新故事收入囊中。

“太平洋灰鲸曾经几乎被捕尽杀绝，现在它们不仅数量有反弹，而且开始和宿敌人类有了互动。这些鲸鱼被称作友好的灰鲸。”

“是的，我听说过。非常神奇。”

“我在墨西哥的下加利福尼亚观察鲸鱼育幼时，收获了一段让我深受感动的经历。我注意到有一头鲸肤色非常白，导游解释说这是年龄增长所致。它的躯干和尾巴上有很多擦伤和磕伤的痕迹，应该是多年来在从阿拉斯加迁徙到下加利福尼亚的路上为了保护幼崽与虎鲸战斗留下的。当这头鲸靠近时，我们可以看到它的皮肤上附着了许多藤壶，喷水孔后部有一块很深的凹陷处，这也是年长鲸鱼的特征。我们的向导说，几乎可以肯定这是一头祖母级的鲸鱼。

“祖母鲸在我们的船旁边冒出头来，满是泡沫的海水沿着它的头部旋流而下。它把下巴抬起来，一直够到我们的船舷边。我们抚摸了它银白色的皮肤。除了那些藤壶，它的皮肤光滑而有弹性，我们可以感觉到下面柔软的鲸脂。我们摸它时，它侧向了一边，张开嘴向我们展示它的鲸须，这是放松的标志。它用一只美丽的眼睛看着我们。当我们在船上笑盈盈地低头看着它时，它从我们身上看到了什么，我不知道，但很明显它感到很安全，想和这些海湾产生联系。然而正是在这些海湾里，它一生都在经历人类对它同类的捕杀，这种捕杀行为几乎使它们灭绝。我被深深地触动了，眼泪顺着脸颊不住地往下流。

“我们的导游在身后说:这头鲸鱼已经原谅了我们。它原谅了曾经的我们，看到了我们当下的样子。”

“当我们感知到自身和自然世界的联系时，那种体验是非常特殊的。”珍点点头。

“你能告诉我哪些地方让你对这种联结体会最强烈吗？”我鼓励珍多说一些。

“当然。我每年都去贡贝，我会坐在我年轻时坐过的山上，俯瞰坦噶尼喀湖延伸到刚果那边的遥远山脉里。我会在这个长度世界第一、深度世界第二的巨大湖泊边，看太阳落山时的天空从极淡的粉色转为深红色，或者从乌云密布到电闪雷鸣，直到夜幕降临。

“有时我会仰面躺在某个安静的地方，目光往上再往上，直达苍穹，一直看到星星逐渐从消逝的日光里闪现出来。我也看到了自己，浩瀚宇宙中一粒有意识的尘埃。”

那一刻，我觉得我仿佛可以一直坐在火炉边听珍讲故事。但当我看见窗外开始出现星星时，我知道我该走了，休息之后再继续我们的对话，探讨珍相信希望的另外两个理由。“今晚我们就聊到这里吧？”我问道。

“最后我想再分享一个关于希望和自然韧性的故事。”珍说道，从深深的遐思中走了出来。

“去年的联合国国际和平日，我去纽约参加了一个非常特别的活动。珍·古道尔研究会的国际青年项目‘根与芽’有大

在联合国国际和平日参观“幸存之树”。只有树干上深深的伤口仍然诉说着哀痛的故事。珍旁边是两个给了它再生之机的人——离珍最近的是保育员里奇·卡博，在珍右边稍远一些的是罗恩·维加（Ron Vega），是他把这棵树迁进纪念博物馆里安了家［马克·马利奥（Mark Maglio）］

约20个成员到场，其中许多是来自美国各地的非裔高中生。我们聚集在‘幸存之树’——遭受‘9·11’恐怖袭击后被救活的那棵树——周围。参与治疗它的保育员，敬业的里奇·卡博（Richie Cabo）也来了。我们一起抬头看着它伸向天空的强壮树枝。

“就在不久之前树枝上还开满了美丽的白花，现在树叶已经开始飘落了。我们静立着为地球的和平祈祷，祈祷种族仇恨和歧视能够结束，祈祷人类对动物和自然能重新生起尊重之心。我环顾着那些年轻的面孔，他们将继承这个已经被人类世世代代伤害得千疮百孔的星球。然后，我看到了一个漂亮完美的鸟巢和里面的小鸟。我想象着亲鸟喂养雏鸟，最后羽翼渐丰的小鸟满怀希望地飞向对它来说仍然未知的世界。孩子们也在盯着鸟巢看，有人笑了，有人眼里含着泪。他们也准备好飞向外面的世界了。这棵死里逃生的‘幸存之树’不光自己开枝散叶，还滋养了更多别的生命。”

在这个荷兰森林的小木屋里，珍转向我。

“现在你明白为什么我敢于希望了吧？”她轻轻地问道。

理由 3：

青年的力量

“根与芽”的孩子们和珍一起受邀在国际和平日到访联合国［珍·古道尔研究会／玛丽·刘易斯（Mary Lewis）］

“我一直都期待和孩子们合作，”珍说，“说来有趣，当我还年轻的时候，一想到有一天我会变老——像我现在一样老，我脑子里的画面总是我坐在大树下一把简单的木头椅子上，给一群孩子讲故事。”

不难想象珍在她心爱的山毛榉树下被孩子们包围着的样子。我可以透过我们旁边的两扇窗户看到外面的树木，但我很高兴我们能在室内，舒舒服服地坐在炉火边。

我们开始了新一天的采访，清晨的阳光把珍的脸庞照得神采奕奕。看着穿着浅橙色的高领毛衣和灰色羽绒服的她，我意识到我从没把她当作一位老人看待。她身上有一种活力，如此生机勃勃、不可阻挡。我惊叹于人们老去的方式是多么不同，有人四五十岁时似乎就输给了生活，开始节节败退；而一些人已经八九十岁了看起来仍然有无限的好奇心，踊跃寻找着生活这个实验室里所有可能的发现。

就在这时，仿佛是催促我们进入关于第三个理由的对话，外面传来了孩子们的笑声。

“说到演讲，”珍说，“我最喜欢的观众是中学生和大学生。他们是那么投入，那么活跃。实际效果会比你想象的还要好，哪怕是对小孩子讲——你给他们讲故事，他们就在地板上扭来扭去，然后你会想，好吧，他们没听进去。其实后来我见到了他们的父母，才知道孩子们把我说的原原本本地讲给父母听了。那个年龄段的他们本来就不应该坐着不动——小黑猩猩也是一样——他们正处在通过玩耍来学习和倾听的年纪。这也是为什么学校有时会很糟糕，因为学校会让很小的孩子坐着不动。这很不好，很不应该。他们应该从实践中学习。幸运的是现在越来越多的学校开始改变了，带着孩子们走进大自然，回答他们的问题，鼓励他们把所看所想变成画和故事。”

“你是如何开始与青年合作的？”我问。

“在我到全世界去唤醒人们的环境危机意识的过程中，我在各地都遇到过漠不关心、无意作为、愤怒、暴力或者非常消沉的青年。我试着和他们对话，他们的反馈非常相似：我们之所以这样，是因为我们的未来已经被提前消耗了，我们无论做什么都无法改变。的确，我们消耗了他们的未来。”

“有一个很著名的说法，”珍继续说道，“‘我们不是从祖先那里继承的地球，而是从子孙那里借来的。’然而我们并不是从孩子那里借来的。我们是偷来的！借东西是要还的。这么多年来我们一直在窃取他们的未来，而现在这一盗窃行为的规模已经到了绝对不可接受的程度。”

“不光是对这一代人，”我补充道，“我们是从未来的世世代代那里窃取来的。一些人把这叫作‘代际不公’，因为在我们今天的决策中，未来的孩子和人们既没有投票权，也没有发言权。”

“是的，确实如此，”珍回应道，“但如果年轻人认为自己无能为力，我不能认同。我告诉他们，我们还有机会窗口，如果所有年龄段的人——无论老少——能团结起来共同行动，我们至少可以着手修复我们造成的一些损害，还有让气候变化趋于缓和。”

“如果每个人，”她继续说，“都开始思考我们行为的后果，例如开始考虑我们——包括想让父母为他们买东西的年轻人——购买的物品的生产过程是否会损害环境、伤害动物，是否因为雇用童工或给工人的薪资过低而低价售卖，如果是，就拒绝购买，那么数十亿次这样的道德选择就能帮我们把世界的运转方式调整成我们需要的样子。”

正是在这样一种“每个人都可以带来不同”的希望哲学的引领下，珍于 1991 年启动了她的青年项目“根与芽”。

“能告诉我‘根与芽’项目是怎么开始的吗？”我问珍。

“来自八个不同中学的十二个坦桑尼亚高中生有次到访了我在达累斯萨拉姆的家。他们中有几个学生对非法炸毁珊瑚礁和国家公园内的非法捕猎等事情感到非常忧虑，也很困惑：为什么政府控制不了呢？另外几个学生则表示关心流浪儿童的困境，还有几个关注虐待流浪狗和动物售卖的问题。我和他们讨论了所有这些问题，然后建议他们每个人都为此做些什么。

“他们回到学校后，拉上了有同样关切的同学，我们又开了一次会。‘根与芽’项目就这样诞生了。它的主要理念是每个个体都重要，每个个体都能发挥作用，每一天都能让这个星球有所不同。至于带来怎样的不同，取决于我们的选择。”

“这个项目并不只是关于环境的，对吧？”

“不只是环境。我们已经认识到事情之间是相互联系的，决定让每个小组挑选三个项目来推行——从他们所在的当地社区入手，针对人、动物或者环境，都可以，目的是让世界变成一个更好的地方。他们会先讨论好要做的事，着手准备和计划，然后付诸行动。”

“人们对孩子们开始行动是什么反应？”

“第一个‘根与芽’小组无偿清理了海滩垃圾，因此遭到了嘲笑——一般孩子们只在给父母干活时才没有报偿，因为让干就得干嘛！”珍咯咯地笑着说，“但是很快类似的活动出现了爆发式增长，甚至在坦桑尼亚引发了一个新现象——志愿者行动。”

“这是一个自发的草根项目，渐渐地，参与的学校越来越多。许多小组选择在光秃秃的校园里植树。因为热带地区的树长得很快，不出几年，所有这些学校都有了片片阴凉之处，学生可以在树和鸟儿的围绕下休息或学习。”

从那之后，“根与芽”项目发展成了一项全球运动，拥有从幼儿园孩子到大学青年的数十万成员，活跃在68个国家，并且还在发展壮大。

“这个项目给我带来了希望，”珍继续说道，“无论我走到哪里，都有充满活力的年轻人想向我展示他们已经做过的和正在做的事，展示他们为了让世界变美好所做的努力。他们一旦了解问题并且获得采取行动的能力，几乎都会去积极而且持续地贡献力量。他们的能量、热情和创造力是无穷无尽的。”

“公众认为许多年轻人——尤其是发达国家那些家境优渥的孩子，都是贪图享乐或者以自我为中心的。”我试着提起了这个话题。

珍也同意在某些情况下是这样，但不认为总是如此。“我们在很多私立学校开展了‘根与芽’项目，背景优越的孩子通常也有积极行动的意愿，我们只需用一些故事来打动他们的心，用行动中获得的满足感来把他们唤醒。”

“我自己的孩子就完全是这样的，”我说，“这么多年来，我看到他们对世界问题的认识日益增长，然后这些认识又激励着他们投入他们认为重要的事业。我不知道那些自身成长就很艰难的孩子是怎么做的。我知道你和很多极度贫困甚至生活在难民营中的青少年共同工作过。”

“是的。我发现生活在贫困社区的孩子有强烈的帮助他人的意愿。当我告诉他们可以有所作为，那些孩子眼中难掩的兴奋之情总让我非常感动。世界需要他们。最重要的是，他们本身就很重要。”

珍顿了顿，似乎陷入了沉思。我等待着。

“我想起来一件事，是那件事让我坚定了这个项目肯定能成功的信心，”她说，“我已经知道它在坦桑尼亚以及美国的一所国际学校和一所私立学校运行得非常好。但是如果是布朗克斯低收入社区的一所公立学校呢——我们有没有机会帮助青年在那里发挥作用？”

通过介绍，珍认识了一位名叫勒妮·贡特尔（Renée Gunther）的老师，她安排珍到一个小学做演讲，并且告诉珍那是整个纽约第二穷困的小学。“几乎所有孩子都有哥哥姐姐或父亲加入了帮派，”珍说，“吸毒和酗酒现象比比皆是。在一个破旧的礼堂里，我和孩子们谈论了黑猩猩和‘根与芽’项目。令我高兴的是，许多孩子似乎真的很感兴趣，并且提了很多问题，尤其是关于我展示的一张幻灯片：一只被马戏团打扮的黑猩猩。我在解释马戏团训练黑猩猩的残酷以及它们从母亲身边被带走的经过时，明显能看出孩子们十分同情那些黑猩猩。”

第二年，勒妮邀请珍再次来访。“我见到了她和校长，他们告诉我学生们很想开办‘根与芽’小组，而且已经准备好告诉我要做什么了。‘我知道你看过很多打磨得更出色的展示，’那位老师对我说，‘但对这些孩子来说，这还是第一次。’她说这些话时，好些人的眼睛都湿润了。”

“第一组孩子想在学校午餐中禁止使用聚苯乙烯泡沫塑料。他们排了一个小短剧，”珍回忆道，“一个男孩扮演一家公司的经理，另一个扮演‘根与芽’小组的发言人。他们不仅对聚苯乙烯泡沫塑料了如指掌，还都演得非常好！他们后来甚至受邀在布朗克斯区长面前做展示。他们成功地让学校禁用了聚苯乙烯泡沫塑料！”

“这一定让这些孩子感到非常自豪，”我说，“让他们感觉到即使自己是小孩，也完全可能促成真正的改变。”

“是的，这就是令人兴奋的地方，”珍表示同意，“有一个展示来自11岁的非裔美国男孩特拉维斯，让我印象更深刻。他的老师告诉我，在加入‘根与芽’小组之前他很少上学。偶尔来的时候他会坐在教室的后面，把脸藏在运动衫的兜帽下，从不说话。

“特拉维斯向我走过来，笔挺地站在我面前，眼睛直直地看着我。他所在小组的另一位成员安静地站在他身后。特拉维斯告诉我，他在一个麦片包装盒上看到了一只盛装打扮的黑猩猩，它看起来在笑，很快乐的样子。‘但你跟我们说过那不是笑脸，是它恐惧的表情，’他说，‘所以我写信给你了，你回信告诉我我是对的。’他站得更直了，直视着我的眼睛说道：‘那时我决心要采取行动。’他和朋友一起给公司经理写了信，随后收到了对方表示感谢的回信。其实还有很多人也对那个麦片包装盒上的黑猩猩形象表示了抗议，但特拉维斯并不知道。你想象一下他发现那个广告被撤掉时的感受。”

“决定一个人生命中是否有希望的最重要因素之一就是，他是否看到了自己的自主性和自己能发挥作用的能力，”我评论道，“那一定改变了他的一生。谁知道是哪一次小小的成功促使甘地或曼德拉迈上了他们的人生道路呢。”

“是的，这就是为什么我如此热衷于和不同生命轨迹上的年轻人一起工作。其实很多时候他们需要的不过是一个机会，一些关注，一个会倾听、鼓励和关心他们的人。如果他们得到这样的支持，发现并相信自己可以真正有所作为，那么他们可以产生的影响是无可限量的。”

绝处逢爱

珍和我说了很多“根与芽”小组鼓舞人心的故事，其中一部分是关于他们如何改变社区环境的。尤其打动我的一个故事和她的一次邂逅有关，那次邂逅激发了她在美国的原住民保留地创办“根与芽”小组的愿望。

“2005年，在我于纽约进行一次演讲之后，”珍说，“有一张便条送到了后台。写便条的人是一个名叫罗伯特·怀特·芒廷的美国原住民，询问是否可以到后台和我聊聊。

“他告诉我他16岁的儿子最近上吊自杀了，我惊呆了。”

罗伯特·怀特·芒廷告诉珍，他住的北达科他州是美国自杀率最高的地方之一，每周都有三到六起自杀或自杀未遂事件，和他儿子一起上学的年轻人现在只有15个还活着。儿子下葬的时候，罗伯特默默地向儿子保证，他一定会为此做点什么。他听说过这个名叫珍·古道尔的女士和她的“根与芽”项目，在绝望之中，他想向她寻求帮助。

“那么——你能帮到他吗？”我问珍。

“嗯，我后来确实想办法去了他所在的社区。他带我参观了他为那些受到毒品、酒精和暴力侵害的年轻人搭建的安全屋。一间很小的房子，没有窗户，家具非常少。在那里他向我讲述了保留地的生活——贫困率和失业率极高，伴随着绝望、无助、酗酒、吸毒和暴力。

“对我来说挺难想象的，在这个世界上最富有的国家里竟然有这样的社区，这里的人们的生活环境比许多发展中国家还要糟糕。”

珍说着，能看出来关于这段对话的记忆仍然让她揪心。她告诉我，罗伯特说他们这些原住民过去被称为土地的守护者，但时移世异，这种联系已经逐渐消失了。

“15年前的这次邂逅，衍生出了我和美国、加拿大一些出色的长老和酋长的多次会面，也培养出了我们之间的友谊，”珍说，“我在精神上与他们中的许多人建立了很深的联系。”

“你在美国哪个保留地成功设立过项目吗？”我问珍。

“到目前为止只有一个，”她说，“在南达科他州的派恩岭保留地，也是一个酗酒、吸毒和自杀现象都很常见的社区。这个项目是以一种意想不到的方式启动的。我组织了一次部落长老会议，邀请他们与我还有我在南达科他州的几个员工讨论如何启动一个青年项目。我邀请了一个年轻人，贾森·肖赫（Jason Schoch），我认识他已经有几年了，那时他正深受抑郁症折磨。我知道他想从自身经历出发去接触和帮助别的年轻人。但最后只来了我们几个人——因为一场突发的、反季节的暴风雪，当地的酋长都没有来成。但是到场的人里面有一位年轻女士名叫帕特里夏·哈蒙德（Patricia Hammond），她的母亲来自拉科塔印第安部落，一家人住在派恩岭保留地。在我们被大雪困住的时间里，虽然帕特里夏和贾森是第一次见面，但他们一刻也没有浪费地讨论了怎么在保留地启动'根与芽'项目。贾森回到了加利福尼亚，他在那边工作，但是——他每晚都给帕特里夏打电话，后来他再也负担不起长途电话的费用了，直接搬到南达科他州加入了她！"

珍告诉我，帕特丽夏和贾森从让派恩岭的年轻人重新融入大自然和自身文化传统入手，找了一群人帮忙清理垃圾，开辟了一个小型有机花园，想教给年轻人关于传统食物和药用植物的知识。"他们恢复了传统的希达察（Hidatsa）或称为'三姐妹'的种植方式，"珍解释道，"就是把玉米、豆子和南瓜放在一起种植。"这样小块混种可以生产出大量高质量的作物，对环境的影响也是最低限度的。玉米为豆子提供了攀爬架，豆类可以肥田，南瓜宽大的叶片则是天然的覆盖物，发挥了遮阴、保水和控制杂草的作用。

"一个季节过去，那块小型田地里的所有作物都长得很好。

在南达科他州派恩岭保留地，帕特丽夏·哈蒙德和长者们一起向“根与芽”小组教授传统植物知识（贾森·肖赫）

玉米长到6英尺高。但就在孩子们摩拳擦掌，为收获做准备时，‘根与芽’小组的一名成员在度过一个特别艰难的周末后精神陷入了崩溃。他冲进了篱笆又砍又踩，毁掉了整片玉米地。”

“帕特里夏告诉我她想放弃，”珍说，“但她最终并没有放弃。她和贾森还有‘根与芽’小组的孩子们修补了栅栏，重新开始。帕特里夏和贾森最后一共为社区创建了十二个社区花园和三个农贸市场。她说园艺帮助她的社区找回了与土地之间的联系，让人们重新体验到了希望和欢乐。”

“我想‘根与芽’项目的三大支柱理念，”珍总结道，“即帮助人类、动物和环境——与许多原住民‘万物一体’的古老信仰是完全吻合的。”

当年轻人开始计划和帮助开展项目时，参与进来的人获得了他们此前缺失的目标感和自我价值感。“‘根与芽’项目确实带来了改变，”珍补充道，“许多成员顺利从高中毕业，还有几个人上了大学。贾森和帕特里夏依然在发展和开拓他们在保留地的工作。”

“真令人鼓舞，”我说，“很多其他项目都没能帮到这些社区，但‘根与芽’项目带来了转变。”

珍笑了。“我认为它成功的原因有很多，”她说，“首先是年轻人在他们的生活中获得了发言权。这是一个自下而上的运动。如果他们选择了一个项目，那么他们就会以极大的积极性和热情投入其中。其次，大多数小组都设在学校里，那些同意参与其中的老师都是因为他们受到了这个概念的启发，这是一种能够容纳不同兴趣导向和不同类型成员的项目。总有一些学生想帮助并了解动物，而另一些学生最关心的是社会问题，还有一些学生对改善他们自身生活的环境最有激情。此外它将来自不同国家的年轻人联系起来了，是一个了解其他文化的好途径。”

越是聊这些孩子，珍就越来神。

“这些年轻人每天都在让世界变得更好，”她继续说道，“他们每一次成功完成一个项目，都会对自身能力和自主性有更多的认知，变得更加自信。还有一点是因为我们总是寻求和价值观相似的青年组织合作，学生们会越干越有希望，相信团结起来一定会成功。然后他们一次又一次地实现了希望达成的结果。”

派恩岭保留地，园艺活动中自豪而喜悦的孩子（贾森·肖赫）

珍的故事显示了一点，那就是当我们觉得我们可以有所作为，并且拥有了实现的办法和途径时，就能产生积极的结果，而这种积极结果可以让希望进一步在人生中发挥主导作用。研究发现希望的构成要素包括明确和鼓舞人心的目标、实现这些目标的现实方法、坚信自己可以实现目标的信念，以及遭遇逆境时的社会支持，珍的例子为之提供了强有力的证明。

珍对我讲述了另一个在绝望之中寻获希望的故事，这个故事发生在一个由联合国难民事务高级专员公署（简称“联合国难民署”）在坦桑尼亚设立的刚果人难民营。她解释说：“根与芽”项目最初是由联合国难民署的一名伊朗工作人员介绍到这个大型难民营的，但他没过多久就离开了，三位年轻的坦桑尼亚志愿者接过了这个任务。“他们耐心走完了漫长的官僚流程，

参与“根与芽”项目的中国在校大学生带着玩具探访一位罹患癌症的儿童，用讲故事的方式陪伴孩子（珍·古道尔研究会 / 蔡斯·皮克林）

获得了一小块空地作为办公室兼居所，最后终于让‘根与芽’小组走进了几所学校。”她说，他们筹得资金后，组织了活动培训成员的技能，包括种植有机蔬菜、美发、烹饪和养鸡等。最终这些谋生技能成功替代了非法猎取丛林肉的生活方式。

“有一次我去探访时给‘根与芽’小组每个成员家庭带去了一只母鸡和一只小公鸡，”珍解释道，“我们知道这些动物会被照顾得很好，因为这些家庭的孩子已经学会了如何喂养它们和怎么让它们在夜间安全无虞。白天它们就在房子周围啄食。对于父母和孩子来说，这些礼物可以算是珍贵的 —— 他们拥有的太少了。很快这些母鸡就孵出了小鸡，变成一小群，这样，他们就可以‘奢侈地’把鸡蛋加进难民营里发放的大米和木薯这

从农村迁居到城市的中国孩子。中国的一群大学生伸出了援手，帮助他们理解自身价值并相信自己有能力创造改变（珍·古道尔研究会“根与芽”项目，中国北京）

类物资中了。当然，我们的‘根与芽’小组也提供新鲜蔬菜。”

“后来这些难民怎么样了？”我问。

“不久之后,他们被强行遣返刚果民主共和国。许多人是害怕回去的，因为那里已经没有他们的任何家人了，很多人已在此前的激烈冲突中丧生。有人告诉我,‘根与芽’小组离开时带走了他们的鸡和从菜园里收集的种子。”

她告诉我，在最初的几个月里，联合国难民署将返回的难民安置在一个收容营中，好让他们为未来做打算。

“大约两个月后，”珍继续说道,“我收到了一封去过那个营地的人写来的信。据他描述，情况令人很沮丧——地面寸草不生，人们脸上挂着茫然的表情，孩子们无精打采地坐在他们的小棚屋外。他继续在营地穿行，突然发现了一处气氛不同的片区。孩子们笑着跑来跑去，母鸡在一小片长着草的地里觅食，还有几个少年正在一个小菜园里忙活。于是他问带领他参观的人为什么那里不一样。对方说：嗯，具体我也不知道，好像是个什么叫‘根与芽’的项目。”

“我不想要你的希望”

当然，“根与芽”小组只是众多致力于赋权、教育和激励年轻人的组织之一。世界各地越来越多的年轻人正走上街头要求变革。环保活动家格蕾塔·通贝里（Greta Thunberg）发起了“星期五，为未来”运动。从15岁起，她就开始在瑞典议会外举着“气候罢课”的标语抗议。格蕾塔曾在多个大型国际会议上与世界各国的领导人对话，数百万人参加了这些青年领导的气候抗议活动。

我问珍是否见过格蕾塔·通贝里。

“见过。她在世界上的许多地方唤醒了人们对气候危机的认知，而且并不仅仅是年轻人。这方面她做得非常出色。”

我想知道珍对通贝里在世界经济论坛上的激进言论有何看法。当时通贝里宣称：“成年人一直在说：‘我们应该给年轻人希望。’但是我不想要你的希望，我不想让你产生希望。我想要你恐慌。我想要你感受我每天感受到的那种恐惧，然后我想要你采取行动。像你本人陷入危机、像我们的房子着火时那样行动。因为房子真的着火了。”格蕾塔对希望持批判态度，认为恐惧才是更恰当的反应，我问珍对此有什么看法。

“对正在发生的事情，我们确实要恐惧和愤怒，”珍答道，“我们的房子确实着火了。但是如果我们不对扑灭大火抱有希望，我们就会放弃。希望、恐惧和愤怒不是非此即彼的，这些我们都需要。”

“我们面临的问题很多，也很严峻。大人说孩子们未来会去解决这些问题，这是不是一种逃避？”

珍在椅子上挺直了背，显然被我的问题激怒了。

“未来该年轻人去解决问题的说法其实非常让我生气，”她说，“我们当然不能也不应该指望他们解决我们所有的问题。我们必须支持和鼓励他们，去增加他们的信心，倾听和教育他们。我真心相信这一代年轻人正在非常出色地应对挑战。一旦他们了解了问题并且能够自己做主——那么，我们在这里聊天的时候，他们就正在给我们所谈论的世界带来改变。”

“而且不仅仅是他们自己做了什么，”珍补充道，“看到孩子们如何影响他们的父母和祖父母也是尤其令人高兴的。很多父母告诉我，在孩子给他们解释自己学到的环境知识之前，他们从没考虑过自身购买行为的后果。”

“这是怎么做到的呢？”我问道，也回想了自己为人父母的经历。我想到我的孩子是怎么倡导绿色购物的，是他们驱使全家人在购物和消费方式上做出了许多改变。

珍展开说道：“我能想到的一个极好的例子来自中国。2008年，一个英文名叫乔伊的10岁小女孩参加了我的一次讲座，在那之后她央求父母帮助她成立成都的第一个‘根与芽’小组。他们的口号是我说过的一句话：‘理解方能关心，关心方能助人，助人方能助己。’起初孩子们只是听从老师的建议行事，但没过多久他们就可以自己设计和实施项目了，成了最活跃的‘根与芽’小组之一。几年后我收到一封乔伊妈妈写来的信，是她的女儿从中文翻译过来的——她为了和我交流学好了英语！我必须读给你听。”

珍跳起来去拿她的笔记本电脑。

“她是这么说的：我们的孩子在学校组建的‘根与芽’小组重塑了我们的想法。毫不夸张地说，如果没有孩子，我们大多数人并不会想到要爱护环境。我们可能仍然保持着麻木不仁的生活方式，不关心这个星球，只关心我们自己。我们的孩子用一种聪明的方式转变了我们对生活的看法。我个人也发生了转变，从被动接受她从‘根与芽’小组带回的信息到积极参与其中，我从一个完全自私的消费者变成了一个学会减少不必要的购物的人。”

“多棒的一封信。”珍读完信时我说道。然后我听到了这个故事更精彩的后续。

多年来珍一直与乔伊保持着私人通信，得知乔伊的妈妈后来成了积极的环保主义者，开始了和环保有关的课程和剧本的创作。

乔伊现在 18 岁，正在上大学。她的“根与芽”小组在当地政府的支持下开展了一项旨在让成都街头实现“零垃圾”的回收计划，取得了很大的成功。

全世界的年轻人都在清扫垃圾——在街道上，海滩上，并且在学校餐厅放置可回收垃圾筒，就像这些乌干达基巴莱的孩子一样［珍·古道尔研究会／堀内美永（Mie Horiuchi）］

珍讲的乔伊和她妈妈的故事让我想起了一件从克里斯蒂安娜·菲格雷斯（Christiana Figueres）那里听到的事。克里斯蒂安娜是《巴黎协定》的缔造者之一。在世界经济论坛的一次聚会上，荷兰皇家壳牌公司（现更名为“壳牌集团”）首席执行官范伯登（Ben van Beurden）请求和她单独会面，双方都没有带平时的随行人员。会面结束时他说：“克里斯蒂安娜，让我说句老实话，我们都已为人父母。”他对她讲述了一个让他记忆深刻的时刻：他10岁的女儿来找他，问他的公司是不是真的在毁灭地球。他向女儿保证，他会尽一切努力让她和以后的世世代代都能在一个安全和可持续的星球上长大。他决定支持《巴黎协定》。

很明显，珍和她在世界各地设立的珍·古道尔研究会办公室正在拉起一支年轻的环境保护大军,在超过 65 个国家打响战役。我仍然想知道的是，如果没有顶层领导人的参与，这些是否能够改变我们建立在攫取和消费之上的文明呢？我想知道她到底为什么对下一代寄予了如此多的希望，她是否被误导了才相信年轻人可以解决前几代人造成的问题。

涓滴成海

“我听许多富有远见的人说过年轻人给了他们希望，”我说,“我还是想知道这些年轻人具体在什么地方给了你希望？你觉得这一代年轻人和其他几代人有什么不一样吗？”

“就环境和社会正义而言，”珍说道,“这一代人确实是不同的。在我成长的过程中，学校里没教过任何关于这些问题的知识。但渐渐地，越来越多的活动家开始为这些问题发声。20 世纪 60 年代对人们影响最大的书籍之一是蕾切尔·卡森 的《寂静的春天》，写出了滴滴涕* 造成的巨大破坏。”

* 滴滴涕（DDT），有机氯类杀虫剂。——译者注

“那本书确实引发了一场运动，”我表示同意，“在正确的时间，一本正确的书或一部正确的电影就可以真正改变文化。阿尔·戈尔的《难以忽视的真相》是另一个例子。米歇尔·亚历山大（Michelle Alexander）的《新种族隔离主义》（*The New Jim Crow*）和布莱恩·史蒂文森的《正义的慈悲》等出版物促使美国发起了刑事司法改革运动。”

“对，没错。在过去的六十年里，这些问题逐渐被暴露在公众面前，一些学校开始将认识环境和社会问题纳入课程。如今，即使学校不教，这些问题也会出现在新闻和电视上，可以说是无处不在。孩子们随处可以听到关于气候危机的信息，污染、森林砍伐、生物多样性的丧失，以及种族主义、不平等、贫困等社会危机也越来越多地见诸媒体。所以现在的年轻人比之前的我们更能理解和应对人类制造出的各种问题，也同样能理解所有这些问题之间的关联。”

“的确，”我说，“我们教育后代提高环保和社会意识，他们再反过来改变他们的父母，这很好。但我们面临的巨大挑战已经迫在眉睫。我们现在就需要掌握实权的变革者发挥作用，没有时间等那些年轻人长大了……”

“他们中的很多人已经长大了，”珍反驳道，“‘根与芽’项目现在已经有了三十年的毕业生，他们已经把在‘根与芽’项目中获得的价值观融入了他们的成年生活。”

我还是没被说服：“我听说了。但我知道很多人都反对年轻人是解决方案的说法。毕竟‘根与芽’项目此前的大多数成员还没有走到掌权的位子上。我们需要美国总统来引领方向——

二三十岁的人总不可能当上总统吧。我们需要所有能在接下来这十年里处理问题的人。”

珍毫不犹豫地说道:“这么说没错，但是以后将由二三十岁的选民来选出对的总统。”

珍的先见之明再次应验了。11个月后,年轻选民投票率的增加对于唐纳德·特朗普的败选发挥了重要作用。乔·拜登胜选上台。前者在任期间让美国退出了《巴黎协定》,而后者上任后的第一批重大举措当中就包括使美国重返《巴黎协定》,再次对建设更加健康的经济和地球做出了承诺。年龄在18岁到29岁之间的美国人中有61%投票给了拜登,这个群体占选民数量的近五分之一。尽管拜登获得的选票比他的对手多700多万张，但根据选举人团的诡异算法，选举结果最终将由关键战场州的区区几十万张选票决定。最后引导全球最大的超级大国走上正确方向的，是“珍世代”的选票。但对那一天坐在森林小屋里交谈的我们来说，这一切都还未发生。那时的我只是对珍说：“希望你是对的。”

珍俯身拨了拨炉中微弱的余火，我们看着火光又亮了起来。

“还有一点，”珍重新靠回椅子上，说道，“我提到的一些‘根与芽’项目的毕业生已经投身政界，另一些成了商人、记者、教师、园艺师、城市规划师甚至已为人父母——各行各业，各种角色。许多人现在正以某种身份从事着环境相关工作，包括刚果民主共和国的环境部部长，也曾在学校里参加过‘根与芽’小组。现在他正在为遏制本国的非法丛林肉贸易和动物走

坦桑尼亚的三名“根与芽”小组成员。这件T恤呈现了“根与芽”项目价值观的精华：知识，同情，行动（珍·古道尔研究会/蔡斯·皮克林）

私做出极大的努力。”

珍说，今天的年轻人不仅更有见识，对决策和政治进程的参与也更多了。如“根与芽”，它已经远远不只是一个环保项目。它实际上是在向人们传递一些价值理念：共同讨论，共同决策，共同行动。

“青年赋权项目在这些国家的影响还没有真正显现，”她说，“目前还没有。”

珍的“还”是一个强有力的提醒：即使是最绝望的情况下，改变依然来得及。

这让我想起来斯坦福教授卡罗尔·德韦克（Carol Dweck）将使用“还没有”等表述作为成长型思维的标志，换句话说就是相信个人可以改变和成长。拥有成长型思维的儿童和成年人，能比那些对自己和世界抱有固定型思维的人取得更大的成功。但在极权统治和商业既得利益面前，这种小型教育项目真的不是螳臂当车吗？

“在许多国家，”我说，“你是无法与政府抗争的，也不能公开反对社会不公，因为害怕会被关进监狱甚至被杀。你会对这些国家的年轻人说什么呢？”

“我会告诉他们，虽然他们不得不和现有的制度共存，但他们仍然可以坚持自己的价值观，每天做出一些小小的改变，并对更美好的未来保持希望。”

珍就像是在说我们共同的希望和梦想——如果它们当时无法实现，而我们自身的力量还不够，那么就等待合适的时机。即便如此，这还是触发了我纽约式的怀疑态度。“这样很好，但是想想世界上那么多人还生活在绝对专制或暴政里，这些小小的改变难道不是大海里的一滴水吗？”

“但是亿万滴水终成大海啊。”

我笑了。希望，又将了我一军。

培育未来

天色渐晚，太阳正在快速地下沉，我心头依然盘旋着一些多年来被不断否认或忽视的问题。我想到那些否认气候变化的人，那些告诉孩子“男孩比女孩优越”的文化，那些把“某些种族或社会群体更为优秀”的谬见传递给孩子的成年人。人们怎么能像教授勇气、平等和爱一样，如此轻易地教给人恐惧、偏见和仇恨呢？“那么，我们怎么才能尽快转变这些根深蒂固的世界观？”我问道。

“哦，道格，我真的不知道。我希望有越来越多的人关注这些问题，越来越多的项目致力于解决这些问题。努力减轻贫困，弘扬社会正义，争取人权和动物权利。有越来越多的孩子从很小的时候就参与进来。”

她停下来考虑了一会儿。很快，又一个关于希望的故事让她的眼睛亮了起来。

“我想到了吉妮西丝（Genesis），”她说，“一个年轻的美国女孩，她6岁时最爱的食物是鸡块。有一天她问鸡块是从哪里来的，她的妈妈试图转移话题，就哄她说是从商店那里来的。‘但是商店从哪里拿到它们的呢？’妈妈只好告诉了她答案。吉妮西丝就这样戒掉了她最喜欢的食物，而且还尽可能多地了解相关信息。现在的她13岁，已经成了一名宣传严格素食主义对动物、环境和人体健康来说有多么重要的演讲者。年幼的孩子积极行动的例子比比皆是，而其中最投入和最成功的孩子背后通常都有父母的支持。”

再一次，我想到了我自己的孩子，想到我自己的行为对他们的世界观造成了哪些影响。“作为父母，我们要怎么培养孩子心中的希望，帮助他们为未来的人生际遇做好准备呢？”

“首先我想说的是生命最初几年的重要性，这是我从黑猩猩那里学到的，”珍回答道，“这60年的研究已经清楚地证实，有母亲支持的年轻黑猩猩有更大概率获得最大的成功。雄性在统治阶层中拥有更高的位阶，更为自信，也更容易繁衍较多后代，而雌性也会成为更好的母亲。”

“这一点怎么体现在人类的养育之道里呢？”我问珍。

“这个并没有多大的不同。我在写博士论文时也对人类婴儿的抚育做了不少研究。在最初的几年里能从至少一个稳定陪伴者身上得到关心和爱，对孩子来说显然是非常重要的。他们需要一种可靠的、能够支持他们需求的照顾，这份照顾不一定需要来自亲生母亲、父亲甚至家庭成员。”

“很多父母认为支持性养育就意味着放任式养育，”我说，“那么管教要如何引入呢？”

“管教很重要，但我认为关键的一点是，孩子不应该因为做了大人没有耐心教导过他们不该做的事而受到责罚，”珍说道，“有次我看到一个妈妈打了她两岁的孩子，因为他把不想喝的牛奶洒了一点在盘子里，用手指蘸着画画。其实他的行为无非是一个孩子在探索他周围的世界和事物的属性，他不应该受到如此严厉的惩罚。体罚是错误的。黑猩猩母亲会通过搔痒或梳理毛发来分散幼崽的注意力。”

我喜欢这个黑猩猩母亲给孩子搔痒或梳理毛发的画面，也想到了当我三个年幼的孩子中有谁情绪崩溃时，我都是先试着帮他们换个心情，再顺势帮孩子转换思路。

“对于那些在成长过程中没能获得支持的年轻人，比如遭受过虐待的孩子，我们能做些什么呢？”

珍一以贯之地用一个故事回答了我。

“前几天我收到了一封信，是一个在少管所的 14 岁少女写来的。她写道：我的生活一团糟，我吸毒，所以我到了这里，我讨厌这里的一切。但后来我在图书馆里找到了《和黑猩猩在一起》这本书。我从没拥有过一个支持我的妈妈，但我读那本书的时候就想，珍可以当我的妈妈。

“她妈妈从没对她说过她能成事。她读到了我母亲对我的支持和由此产生的变化，她意识到她同样可以追寻自己的梦想。我成了她的榜样——她说我可以当她妈妈就是这个意思。她开始拿出好的表现，努力工作，也改变了自己的人生。”

我想着这位年轻的女孩，想着书籍、故事和榜样改变孩子人生的力量。我想到了珍所说的环境的重要性，为了在这个世界生存下去，我们人类有着与生俱来的适应能力。我们养育孩子的方式很大程度上取决于我们所生活的大环境。显然，让罗伯特·怀特·芒廷的儿子在 16 岁自杀身亡的诱因就是周遭贫困、毒瘾盛行和绝望的生活环境。

我对珍说了一个研究希望的学者的故事，他叫陈·赫尔曼（Chan Hellman），在俄克拉何马州贫困的农村长大。他的父亲是个毒贩，为了尽量避免暴力冲突，他会带着儿子一起去交易。他在陈七年级的时候搬走了，陈的母亲则因为抑郁症多次住院，后来再也没有回家。陈每天只吃一顿饭——学校提供的午餐，独自住在一个没有供电的房子里。

“一天晚上，他在那间漆黑的房子里感到前所未有的绝望和无助，于是他拿起父母的枪，对准了自己的下巴。就在那一刻，他忽然想起他的科学老师——也是学校的篮球教练——总是对他说：‘你会没事的，陈。’他想着老师的话，想着老师是多么关心他、相信他。那一刻他决定相信也许未来会好起来，于是放下了枪。”

“你知道陈后来怎么样了吗？”珍问道。

“他现在已经50多岁了，有心爱的妻子和家庭，是一位成功的致力研究希望的学者，专注于受虐待和被忽视儿童领域的研究。几年前他见到了当年的老师，陈告诉这位老师是他的话挽救了自己的生命，但老师完全不记得自己说过什么救命的话。陈说，这提醒了我们话语的重要性，虽然我们说的时候也许并无察觉。他的核心结论是：希望是一种社会性礼物。”

通过与珍的对话和我自己的研究，我逐步了解到希望是一种与生俱来的生存特质，似乎每个孩子的头脑和心中都有，但它需要鼓励和培养才会萌芽。如果是这样，即使在最不利的情况下，希望也有可能生根发芽，珍对此深有体会。

“我想和你说说一个在布隆迪成立的‘根与芽’小组，”珍说，“布隆迪就在卢旺达以南，对胡图人的种族灭绝也曾在那里上演。我们已经说到过，卢旺达从种族灭绝事件中恢复过来给很多人带去了希望，但它能实现靠的是比尔·克林顿总统访问后涌入的国际援助。”

“种族灭绝的恐怖，卢旺达为宽恕和修复创伤做出的惊人努力，我都记忆犹新。”我说道。

“但就像我之前提到的，布隆迪什么都没得到，一分一厘都没有。它多多少少被国际社会忽视了，任其自寻出路。所以毫不奇怪，布隆迪的情况并没有以同样的方式好起来，动荡和暴乱仍然时有发生。那里的第一个‘根与芽’小组是由一位刚果年轻人发起的，他在全家遭到屠杀之后逃到了坦桑尼亚基戈马，他的学校里有一个‘根与芽’小组。几年后他回布隆迪旅行时决定在那边也设立一个，初创者还包括四个从前的娃娃兵和五名曾遭到强奸的女性。我还记得和他们一起围坐在桌边，听他们讲述他们的遭遇。

“他们都没有说得很详细。相反，他们似乎相当安静和克制，但我能看到他们眼中的痛苦。我经常把自己想象成这几位年轻女性之一，或者无数遭受过难以想象的虐待的女性之一，试着设身处地感受她们的处境。有一些人可能永远无法恢复过来。但是尽管个人遭受了这样的苦难，这几位布隆迪年轻人依然想去帮助其他人从创伤中恢复过来，让他们看到前面有出路。世界各地的年轻人身上展现出的人类的不屈精神常常让我既震动又惊喜，这只是其中一个例子。”

珍告诉我，这个项目现在已经在布隆迪各地生根发芽。就在我们在炉火旁度过那个晚上之后不久，她给我寄来了最近一批那边的“根与芽”小组成员写给她的信。一个叫于斯莲（Juslaine）的孩子写道：“之前布隆迪人并不知道团结合作的重要性，但现在我们像一家人一样协作，这都要感谢布隆迪‘根与芽’小组的牵头人们举办的那些研讨会。”另一个男孩奥斯卡写道:“我们不用再生活在冲突里了，因为每年我们都会庆祝国际和平日，现在我们和邻居们相处得很好。”

珍告诉我，其中一名从前的娃娃兵戴维·尼德雷茨（David Ninteretse）鼓励许多社区志愿者共同发起了“关爱”项目，鼓励人们创业。他还带着志愿者到学校创办了“根与芽”小组。许多小组决定用植树来减轻森林砍伐带来的影响。一个叫爱德华的男孩说：“我的村庄以前就像沙漠一样，但现在到处都是树，雨水也多了起来。”其他孩子提到了没有森林大火之后空气多么清新，还有捕猎停止后多少动物回归了森林。

“你看，”珍说道，“他们了解到了万事万物之间的关联，了解到他们的社区不仅仅是他们周围的人，还包括动植物和土地本身。”

我想起了罗伯特·怀特·芒廷说他的部落曾经守护着土地，多年来却渐渐丢失了这种联系。珍说，她听说怀特·芒廷正在社区筹建一个大型花园，试着找回这种联系。我想起了那位在少管所读完珍的书后重塑了自己人生的少女，还有在父母难以置信地冷漠和不负责任的情况下顽强生存下来的赫尔曼。我想到了在养育青少年的过程中赋予他们希望和应对未来挑战的能力是多么重要。他们会从我们身上继承很多，虽然我已经确信青年是希望的重要来源，但我也清楚地认识到留给他们一个繁荣和可持续的世界是我们成年人的责任。

夜深了。我们还有一个希望的理由要展开讨论。珍建议我们暂且休息，第二天早上再接着聊。我仍然意犹未尽，我一直很期待讨论珍的下一个希望的理由：一个在我们一无所有的时候也可以依靠的理由。我应允次日一早再过来，在深沉的夜色里走回了我的小屋，它就在离珍的小木屋不远的地方。

刚果共和国的孩子们在联合国国际和平日放飞巨大的“和平鸽”（“根与芽”小组在世界各地都会开展这项活动，他们是用旧床单制作的“和平鸽”），准备去参加一个植树项目［珍·古道尔研究会 / 费尔南多·特莫（Fernando Turmo）］

理由 4 ：

人类的不屈精神

第二天早上，我在小木屋里见到了珍。珍·古道尔研究会的全球主席帕特里克·范费恩（Patrick van Veen）和他的妻子丹妮尔也在，还有他们的两只狗。他俩又一次大方地同意带狗出去一天，好让我和珍单独谈话。我们一块儿向他们挥手告别，然后端着咖啡重新坐到了炉火边，一刻也没耽误地继续开始了对话。

“我昨天晚上一直在想着今天的主题，”我开口说道，“在我们讨论人类的不屈精神 —— 你的最后一个希望的理由 —— 之前，我想知道你是怎么定义‘精神’的。”

珍考虑了一会儿，然后说道：“从来没人问过我这个问题。我想不同的人会给出非常不同的定义，这取决于他们的成长经历、教育和宗教信仰。我只能告诉你它对我个人而言意味着什么。它是我的能量之源和内在动力，来自我与那个伟大的精神力量相联结的强烈感知 —— 在大自然里的时候这种感觉尤其强烈。”

我问珍，在贡贝时是否特别能感知到这个“伟大的精神力量”。

她点头：“哦，是的，确实如此。有一次我独自待在森林里的时候，我忽然想到，也许所有生命都蕴藏着这个力量的火花。我们人类一贯热衷于给事物定义，将自己身上的火花命名为灵魂、精神或心灵。但是当我坐在那里，被森林中各式各样的奇迹包围着的时候，我似乎能感觉到万物之中都有这个火花在闪耀，从飞过的蝴蝶到被藤蔓环绕的大树。”

“前几天我们讨论人类智识的时候，我提到包括美洲原住民在内的土著居民会说到‘造物主’，用谈论兄弟姐妹的口吻谈论动物、花草树木甚至石头。我喜欢这种看待生命的方式。”

这个描述让我很感兴趣。我很好奇，如果所有人都把其他生命甚至石头视作我们的兄弟姐妹，认为它们值得同样的尊重和关心，世界会有怎样的不同。

“我想应该是一个更美好的世界吧，”珍说，“但话说回来，具体会有什么不同我们并不知道。至少现在还不知道。”

我不禁对珍在句末这个满含希望又十分可信的“还”报以微笑，它把我带回到前一天的对话。“那么你说的人类的不屈精神是什么意思呢？”我问道，“还有，为什么它会给你希望？”

珍盯着炉火看了几秒，回答道：“这种品质让我们能面对看似不可能完成的事情，并且永不言弃。不管遇到了困难、来自别人的轻蔑和嘲笑还是可能的失败，我们都依然能够以勇毅和决心去克服各种个人问题、身体残疾、虐待和歧视。它是一种在追寻正义或自由的斗争中为达成目标不惜付出个人代价的内在力量和勇气，即使这意味着终极的代价——献出自己的生命。”

“体现这种精神的代表性人物，你有什么喜欢的例子吗？”我问。

“有些人会立刻浮现在我的脑海里。在艰难境况中坚持为结束歧视和收入不平等奋斗、宣传非暴力的马丁·路德·金；为结束南非的种族隔离制度被监禁了 27 年的纳尔逊·曼德拉；在发起了反对荷兰皇家壳牌公司污染土地的非暴力示威活动后，被政府处决的尼日利亚人肯·萨罗-维瓦（Ken Saro-Wiwa）。”听到这里，我不禁想起了荷兰皇家壳牌公司的首席执行官和他发生转变的故事，还有众多石油和天然气公司危害地球的黑暗历史。

珍继续说道：“当然还有温斯顿·丘吉尔，他在几乎所有欧洲国家都已经溃败的情况下激励了英国与纳粹德国作战。印度圣雄甘地，他领导的非暴力运动最终结束了英国的殖民统治。还有一定会出现在基督徒脑海中的榜样——耶稣。他们在生命长河中表现出的不屈精神让我深受鼓舞。他们对历史进程的影响——好吧我无从评估。这些只是少数几个例子而已。”

“所以，”我问道，“人类的不屈精神是帮助我们在看不到希望的时候继续前进的东西。同时它能对他人产生激励，对吗？”

“对，是这样。除了这些激励了千百万人的偶像，还有我们身边的人，他们也会面临生活中一些可怕的状况，有些是来自社会，有些是来自自己的身体。那些冒着极大风险和克服困难逃离暴力冲突的难民，在谁也不认识的情况下努力为自己找到一条活路——令人难过的是，在最终到达目的地之后，往往还有歧视等着他们。还有那些克服身体残疾，追寻自己梦想的残障人士。这些人也用他们直面挑战的勇气和决心感染着身边所有的人。”

当我决定攀登珠穆朗玛峰

“你认为是我们的不屈精神让人类生存和发展的吗？”我问道，“毕竟，从身体上来看，我们人类是所有猿类中最弱的。”

“不，是我们的脑力、合作能力，还有我们的适应能力使人类取得了成功，”珍说，“但我想，是我们的不屈精神让我们走得更远。因为即使被告知某条路完全行不通，我们仍然可以准确地理解自己有意识地决定去走这条路可能产生的结果，这是人类特有的本领。”

“你觉得黑猩猩有不屈的黑猩猩精神吗？”

珍乐了，笑着说：“就像伟大的人道主义医生阿尔贝特·施韦泽描述的那样，它们当然有生命意志。这份意志能帮它们从伤病和许多其他考验中挺过来，其他动物也一样——但得在心理健康的前提下。动物会和我们一样感到无助和绝望，在绝望的状态下，在生病、受伤或者遭遇一些创伤性事件，比如被抓住时，他们可能会选择放弃。一些小黑猩猩能在遭遇可怕的危险时幸存下来，但另一些可能会选择放弃并因此死掉，即使它们的情况远没有那么糟糕。”

“但你认为这种生命意志与你所说的人类的不屈精神是不同的？”我问。

“嗯，我认为当生命遭受威胁时，我们有的不仅仅是生命意志，虽然其他一些动物无疑也是如此。这是一种有意识地去解决看似不可能完成的任务的能力。即使明知可能成功不了，甚至需要付出生命，也依然不放弃。”

“所以这种不屈精神需要人类发挥惊人的智慧和想象力——当然，还有希望？”

“是的，”珍说，“还有决心、韧性和勇气。”

我告诉珍，我生命中有一个体现了这种精神的非常重要的榜样：我的外祖父。“他小时候失去了一条腿，”我说道，“即使带着一条木腿，他也成了一名可以上台表演的舞者和竞技性网球运动员！他还是一名神经外科医生，在所有人都说不可能的情况下，开创性地实施了连体双胞胎分离手术。在二战期间，他向刚刚截肢的人展示如何使用假肢生活，抚慰他们，让他们知道人生并不会因此充满缺憾。他有一句座右铭：‘困难’很棘手，而‘不可能’只是难度再高一点点而已。”

“这是一个很好的人类不屈精神的例子，”珍说，“就是这样。”

“德里克是另一个例子。”我说。我指的是她已故的丈夫。

“是的，德里克是韧性、毅力和不屈精神的又一个杰出例子，”她说，“他曾服役于英国皇家空军，二战期间盟军和‘沙漠之狐’隆美尔作战时，他驾驶的飓风式战斗机在埃及上空被击落。坠机后，他幸存下来并得到了救助，但因为被一颗德国

道格的外祖父希波利特·马库斯·沃特海姆（Hippolyte Marcus Wertheim）在 1936 年 12 月 7 日成功分离连体双胞胎后离开约克医院，术前人们都对他说手术不可能成功。因为有一条义肢，所以他走路时有点一瘸一拐的

子弹击中，所以损伤了脊椎底部的神经系统，他的双腿部分瘫痪了。”

“医生告诉德里克他已丧失了行走能力，但他决心要证明医生错了，一直没有放弃。后来他终于恢复了行走能力，只需要一根手杖帮忙就行，简直堪称一场奇迹。其中一条腿差不多已彻底瘫痪，每走一步他都需要用手帮忙，把那条腿向前甩出去。

德里克在二战期间因为坠机事故受了重伤。他被告知永远没法再走路，但他决心证明医生们错了，并成功做到了！（珍·古道尔研究会 / 古道尔家人提供）

我的姨妈奥莉是一位理疗师。她在帮他检查后说：‘其实，从解剖学的角度判断他的肌肉和其他生理状况，他应该也没有办法使用另一条腿才对。’他完全是靠着高度的意志力在行走的。”

“真让人叹服，”我说，“这让我也想起了我父亲的事故。差不多离他去世正好五年前的一天，他从楼梯上摔了下来，受了非常严重的脑外伤，有大约一个月的时间他都神志不清。医生告诉我们他可能回不来了，或者说不再是原来的他了。当他终于清醒过来时，我的兄弟对他说：这次受伤让你遭了这么大的罪，我真的很难过。但我的父亲回答说：哦不，一点儿也没遭罪。这只是我的一部分功课而已。”

“说得太好了，”珍说道，“是的，生活中的所有挑战就像我们个人的功课，我们必须努力地跟上，然后掌握它。”

“通过这种微小的认识上的转变，我父亲用一种更积极的方式重构了负面经验，并从中找到了意义，”我说，“跌倒和康复的过程是很痛苦的，但他在生命的最后五年里仍然获得了深刻的心理成长，与家人和朋友的感情甚至更加深厚了。图图大主教曾经对我说过，苦难可以使人痛苦，也可以使人高尚。如果我们能够从苦难中获得意义并且用来饶益他人，那么它的作用就是后者。”

“没错，”珍点点头，然后语带关切地问，“我知道你儿子最近遭遇了一场严重的事故，他表现得相当坚强。”

确实如此。我儿子杰西在我和珍在坦桑尼亚见面的一个月前遭遇了一次冲浪事故，导致出现脑外伤和枕骨骨折。“这个过程让他极度痛苦，但他表现得无比坚韧，总是保持着希望。而且对韧性的研究表明，拥有幽默感会有所帮助——其实杰西在那之后开始了他的单人脱口秀表演，并且把这个活动当作他康复计划的一部分。”

“是的，幽默感真的很有帮助，”珍说，“我记得德里克告诉过我一个故事。他刚出院的时候还拄着双拐，有一次他得去丽兹酒店见一个人，当他坐下时，他忘记了他的双腿还打着石膏——它们硬邦邦地杵了出去。”珍给我演示了那个动作，同时踢出她的双腿，然后继续说道：“直接顶翻了桌子，茶壶、杯子、牛奶——所有东西都朝不同方向飞了出去。那是一个又惊又窘的时刻，但德里克的反应是哈哈大笑，很快全桌的人，甚

克里斯·科赫（Chris Koch），珍个人的英雄，不屈精神的完美代表［珍·古道尔研究会／苏珊娜·内姆（Susana Name）］

至隔壁桌的人和仪态端庄的服务生也都一起笑了起来。”

我曾经听说过的那些克服了个人困境的人、激励他人的人、展现了人类的不屈精神的人一个接一个闪现在我脑海里。我问珍是不是有更多的例子和我分享。

珍给我讲了克里斯·科赫的故事，一个出生时就没有四肢的加拿大人——只有一侧很短的胳膊和一截更短的腿。他得靠一块滑板来移动，但几乎没有什么是他做不到的。他独自满世界旅行，跑马拉松，开拖拉机，还是一位非常励志的演讲者。

“他的父母从来没有说过有什么事是他的兄弟姐妹能做到而他做不到的，”珍解释说，“他们总是告诉他，他什么都可以做。他们从来不说‘哦，你干不了那个’。他的眼睛里总有着睿智的光芒和对生活的热爱。我问他是否有人给过他假肢，他回答说：有，但我认为我被‘组装’成这样是有目的的，我想保持自己本来的样子。但在停顿之后，他的眼睛亮了一下，说道：但如果我决定去爬珠穆朗玛峰，我可能会用上假肢。”

我们小口喝着咖啡，讲着故事。只是谈着这些人类的不屈精神的例子，想象着他们身上的希望和勇气，我就已经感到无比振奋。

永不投降的精神

“你之前说丘吉尔是一个体现人类不屈精神的例子，”我说，“可以多说说他在二战期间是怎么影响了你和其他人的吗？”

“当然可以，”珍回答，“正是丘吉尔不屈的精神和他对英国人民的信念鼓舞了英国人，唤醒了他们不被希特勒打倒的勇气和决心。”

“我认为在二战中的成长经历塑造了我，”她继续说道，“虽然战争开始时我只有5岁，但我多少能意识到或感觉到正在发生什么。我能察觉那种气氛。一切似乎都暗淡无望，毕竟大多数其他欧洲国家已经被占领或投降了，英国一度是孤立无援的。我们的陆军没准备好，我们的海军没有准备好。空军呢，与纳粹德国空军相比，我们的空军几乎不值一提。”

我曾在书里读到过关于这段令人恐惧的时期的历史，当时希特勒大有全面胜利之势，似乎随时可以占领英国。听着珍叙述的关于那个时期的亲身经历，我能感觉到英国人民当时的害怕。

“丘吉尔的演讲当时就像穿透绝望的一束光，”珍继续说道，“它传达了英国永远不会被击败的信念，彻底激发了英国人民的斗争精神。他最著名的演讲是在德国击败和占领了欧洲大部分地区时发表的，盟军面临的局面非常不利。但丘吉尔用他振奋人心的话语鼓舞了人们，他说：我们将保卫本土直到最后，我们决不放弃。我们将和敌人在海滩作战，在田野作战，在山丘和街道作战。我们决不投降！演讲结束时，现场响起了雷鸣般的掌声。这时有人无意中听到丘吉尔对着身边的一位朋友喃喃地说：‘我们将用破啤酒瓶底作战，因为我们只剩这么些玩意儿了。’”

珍笑着说：“他很有幽默感，非常英式的幽默感。”

“而且在当时的情形面前，他一点儿也没有退缩。在不列颠之战那可怕的几个星期里，伦敦每天夜里都遭到轰炸，他经常走出去，把鼓舞人心的话带给在地铁站里躲避的人们，带给被惨重的伤亡、伤者的哭喊和被摧毁的家园吓坏的人们。他激发了所有人向希特勒对抗到底的决心。”

珍对我讲述了她对不列颠之战的记忆，年轻的英国飞行员和前来支援的加拿大、澳大利亚和波兰飞行员驾驶着喷火式和飓风式战斗机，日复一日地冒着生命危险冲向天空，与有着压倒性优势的德国空军作战，很多人就此牺牲。那是战争中的决定性时刻。希特勒明白，如果他的德国空军无法彻底摧毁英国空军，德国就无法获得海洋控制权。后来他发现办不到这一点，也无法打击英国人民的士气，只得停止了空袭。

“丘吉尔关于英国皇家空军的演讲仍然让我热泪盈眶，”珍说，“在这次由无数英雄主义行为和许多年轻生命的壮烈牺牲铸就的战役结束之后，他说道：‘在人类的战争史上，从来没有哪次像这次一样，有如此之多的人亏欠如此之少的人如此之深的恩情。’

“那场战争吞噬的生命太多了，道格。不光是军队，成千上万的平民也卷入了战斗和轰炸。也不仅是盟军这边，还有德国人民。”

我们都沉默了片刻，心中回荡着刚才说到的那些真实的历史，为死去的人致哀。“如果往回看，战后你得到的对你影响最深远的教训是什么？”我问。

“嗯，这就恰好回到了我们正在讨论的问题上，”珍说，“我开始认识到人的潜能，认识到不屈的意志可以激励和鼓舞一个民族将看似无可挽回的失败变成胜利。有了勇气和决心，不可能的事就变成了可能。”

说到这儿，我暂停了录音，觉得我们该活动活动，再加点咖啡了。我重新把杯子倒满，看到珍正在研究地板，那里有一束晨光照亮了地毯上的图案。“你在想什么？”我问道，继续开始录音。

“我在想灾难和危险可以释放人性中最好的一面。第二次世界大战造就了那么多英雄，那些冒着生命危险拯救他们的同志或战友的人——维多利亚十字勋章都是颁给了这种有勇气的人。其中许多人是身后被追授的。抵抗志士有男性也有女性，他们以所有可能的方式开展卧底工作，对抗纳粹。顺便说一句，其中许多是德国人。当他们被发现时，不管遭受怎样的折磨，他们都会拒绝供出组织中其他人的名字。有时我睡不着，会一边想着我肯定没有勇气在指甲被拔掉时保持沉默，一边祈祷着这样的考验不要降临到我身上。还有很多人冒着生命危险帮助犹太人逃跑或者把他们藏在自己家里。在不列颠之战的威胁中默默践行低调的英雄主义、互相帮助的伦敦市民，虽然眼看着不远处自己的房子被炸毁，但都会拿出他们的坚毅和伦敦式的幽默感去面对，一天天地坚持下去。”

“我想一般都是这样。灾难中总能涌现出许多利他主义和勇气的故事，”我说，“我永远不会忘记‘9·11’那天，当其他人都满身灰尘、惊慌失措地往外跑时，消防员冲进正在燃烧和崩塌的建筑里的画面。还有在地震和破坏力巨大的飓风发生之后，奔赴受灾地点施救的国际救援人员。去年夏天，我们都看到了澳大利亚和加利福尼亚的人们是怎么协力对抗野火、营救受困人员和动物的。”

“是的，”珍说，“所有这些英雄主义、勇气和自我牺牲的故事展现的不屈精神，往往是在危难之际格外凸显。当然，这些品质一直都在那里，只不过一般没有什么事情能将它们召唤出来。”

“我想这样的例子在历史上随处可见，人类的不屈精神将我们团结起来，‘战胜不可战胜的敌人’和‘纠正不可纠正的错误’。”

“的确，”珍说，“你想想大卫和歌利亚的故事就明白了。这些都象征着人们站起来对抗看似不可战胜的力量时表现出的不屈勇气。”

“还有南美洲很多地方的原住民，为保护他们的传统领地，反对政府和大企业为了既得利益在当地伐木和采矿。他们做好了以命相搏的准备，很多时候也真的付出了生命。”

“的确是这样，”我说，“虽然我们近来已经目睹了政治上太多令人震惊的残忍手段和自私行径，但总有那么一些人甘愿冒着遭到监禁、殴打或遭受酷刑甚至被杀的风险来抵抗暴政、不公正和偏见。”

“是的，”珍说，“想想由埃米琳·潘克赫斯特夫人领导的英国早期女权运动，当时的她们为了争取女性投票权，将自己绑在下议院外的栏杆上。世界各地还有很多人用把自己绑在树上或者爬到树枝上的方式，努力保护森林不被推土机铲平。”

“另一个颇为鼓舞人的例子是斯坦丁罗克的故事。”我说。我指的是2016年为了叫停达科他输油管道工程而开展的系列抗议活动。那项工程很可能会破坏斯坦丁罗克苏族保留地的主要水源地，而且会对他们的圣地构成亵渎。“警察用上了胡椒喷雾、催泪瓦斯、橡皮子弹，甚至在寒冷刺骨的冬天向抗议者们喷水，但抗议者仍然没有后退。现在想想，是斯坦丁罗克的年轻人在这次抗议活动中逐步发挥出了领袖作用。”

“哦，道格，有太多无名英雄了，”珍说，“这种永远不会放弃或者投降的不屈精神的例子还有很多，其中许多可能根本不会被记述下来。有一些和平主义者，即使被嘲笑也拒绝为国参战，但每天都冒着生命危险把救护车开进枪林弹雨的战场营救伤员。有些记者冒着失去自由和生命的危险，揭露专制政权腐败和暴行的真相，有些'吹哨人'坚持曝光了大公司令人不齿的内幕交易，还有些勇敢的人秘密拍摄了工厂化养殖农场内部的场景，或者街道上发生的残忍事件的画面。"

"里克·斯沃普（Rick Swope）的故事尤其打动我。他冒着生命危险，救下了在动物园围栏外壕沟里溺水的黑猩猩乔乔。乔乔是一只成年黑猩猩，在独居多年后被引入了那个黑猩猩群。当时一只地位很高的雄性黑猩猩为了宣示统治地位，向它猛冲过去，乔乔被吓坏了，使劲爬过了那道防止黑猩猩淹死在周围壕沟的深水区的围栏。

"你可能知道，黑猩猩不会游泳。乔乔沉了下去，然后冒出来喘了一口气，又消失了。当时有好几个人都看着，包括一名饲养员。只有里克在他妻子和三个孩子惊恐的注视下跳进了水里！他抓住了那只体格很大的雄性黑猩猩，想方设法把它举过栏杆，推回了笼舍的岸边。这时候，另外三只雄性黑猩猩冲了过来，毛发竖立，于是里克转过身来，准备跨过栏杆爬出去。乔乔虽然还活着，但非常虚弱，眼看着又要滑进水里了。在游客拍的视频里能看到里克顿了一下，他看了看喊着让他离开壕沟的妻儿和饲养员，又看了看乔乔消失在水下的地方，折返回去，再次把它推了回来，然后等在一边，一直等到那只黑猩猩抓住一簇草爬到了平地上。幸运的是另外三只雄性黑猩猩只是看着，什么也没做。

里克·斯沃普从动物园壕沟里救起落水的黑猩猩乔乔的视频截图［源自优兔（YouTube）］

“后来里克接受了采访。‘你一定知道其中的危险——为什么要这么做？’有人问他。‘你知道吗，我碰巧看到了它的眼睛，感觉就像看着人的眼睛一样，’他说，‘那双眼睛在说，谁来救救我？’弱势和受压迫的人们眼中有同样的眼神，那种眼神唤醒了人性中的利他主义，激发了无数的英雄主义行动。”

“这真是一个不可思议的故事，”我说，“里克的行为显然证明了人类道德原则中的施助远不只是对亲人而已。他当然也不指望乔乔会回报什么！我觉得这个故事很好地展现了人的勇气和对生命的尊重，这正是我们变革社会所需要的。你认为这种尊重和勇敢有助于我们克服诸多社会问题吗？”

“我敢说肯定可以，”珍回答道，“当然，这里存在一个问题，就是被洗脑的人也能表现出同样的勇气和无私，比如那些自杀式炸弹袭击者，相信杀死无辜的人可以让他们在天堂得到奖励。其实战争或者一个事件的双方都会展现出自己的英勇。由此可以窥见人们成长所处的文化和宗教环境的重要性。”

“如果回到我们今天面临的严峻环境问题上，”我说，“你认为人类能团结起来，用同样的力量和决心来应对气候变化和生物多样性的丧失吗？”

珍没有立即回答，显然是在整理思绪。“我们一定能，我个人没有丝毫怀疑。问题是意识到我们眼前危机严重性的人还太少，可这对我们的世界来说，是真正的灭顶之灾啊。长期在一线与这种危机做斗争的人已经发出了严重警告，我们怎么才能让人们注意到呢？我们怎么才能把他们动员起来？”

珍看起来忧心忡忡。

“这就是我到世界各地奔走的原因——试着去唤醒人们，让人们意识到这一危机，趁着我们造成的破坏还可以被修复，每个人都还有机会采取行动。用好我们的头脑，也依靠自然的韧性。如果要敦促每个人采取行动，首先需要把真实存在的危险说出来，然后强调我们还有时间，我们真的有理由去希望取得成功。”

“我们谈了很多关于自然韧性的话题，我很好奇，人类的不屈精神是否也和这份韧性有关？”

“嗯，当然有——我们和自然是息息相关的，”珍说，“因此，虽然坚强和勇气往往会在灾难中凸显，但我们也说过，并非所有人都是如此。也有人会垮掉，会屈服。我确实相信这与韧性相关，和我们是乐观还是悲观也有关系。”

培育孩子身上不屈的精神

小木屋依然沐浴在冬天的阳光里。在珍考虑韧性和人类不屈的精神之间的联系时，我在想孩子是否可以被教会这一点，或者至少能在别人的帮助下变得更加顽强，从而更好地面对成长过程中的挑战，毕竟人生中挑战无可避免。克里斯·科赫生来就没有胳膊和腿，而克里斯的父母在这方面做得非常出色，给了他成功的自信和精神力量。我向珍提到了克里斯的例子。

“哦，是的，我很肯定自信是韧性的组成部分之一，一个人的成长经历所起的作用是非常重要的，”她说，“我看那些没有对身体残疾投降的孩子几乎都得到了父母一方或双方的支持，或者有一个除父母以外一直守护着他们的大人。”

“还有一点，有些人面对的是生理上的困难，像克里斯和德里克，还有我的父亲和儿子，”我说，“还有一些人要面对和克服的则是战争、童年的虐待或家庭暴力的创伤在心理上留下的伤疤。”

“我想，不论在哪种情况下，都有能够以坚韧克服身体和心理双重创伤的人，也有完全不具备这种韧性的人。有时候说不清楚是为什么。也许是因为一些人天生带有悲观倾向，也没有一个足够有爱的成长环境培养他的韧性和希望。”

我与珍分享了韧性相关研究和希望相关研究之间有趣的共鸣。心理韧性是一种能够冷静处理危机，并能在此类事件发生后向前看，不至于长期受其负面影响的能力。就像有韧性的生态系统在遭到自然灾害或人为干扰后可以恢复一样，有韧性的人能够复原——尽管需要的时间根据创伤的严重程度或长或短。

“总而言之，有韧性的人能够从逆境中反弹——甚至刷新自己人生的高度，”我说，“这些人心中会有希望，倾向于将挑战当作机遇。”

“悲哀的是，”珍说道，“虽然有些人会设法应对，甚至超出所有人的预期，但也有一些人会放弃、陷入痛苦和沮丧——甚至自杀或有类似尝试。如果没有家人或朋友能伸出援手，这种情况是尤其可能会发生的。”

“虽然总有一些例外，”我说，“但总的来说，我想我们都同意，持续地给予养育、安全感和关心对于培养儿童的韧性非常重要。从你所看到的情况来看，黑猩猩也是这样吗？”

“没错，”珍回答道，“我们看到过很多在幼年时期从母亲身边被带走后遭受了虐待的黑猩猩——有些是在接受动物训练表演时被严厉地惩罚，有些是被关在医学研究实验室光秃秃的笼子里，它们即使获救也无法真正康复，永远融入不了正常的黑猩猩群体。它们身上会出现一些行为，几乎可以肯定是患上了创伤后应激障碍。有一只雌性黑猩猩会时不时地凝视远方或者持续歇斯底里地尖叫，它幼年时期就和母亲分开了，在一个实验室环境中长大，没有受到过任何关爱。而有些因为母亲在野外被猎杀而心理受创的黑猩猩幼崽，到了我们的庇护所后立即得到了爱和照顾，通常会很快恢复过来。”

人类的不屈精神如何帮助我们疗愈

“了解到这种韧性是普遍存在的，很令我欣慰，”我说，“你昨天分享的例子也让我非常震撼——原来遭受过残酷虐待的人有时也可以克服创伤，并且全力帮助那些仍在挣扎中的人。”

“是的，”珍说，“你指的是布隆迪那几位被俘虏和强奸过的女孩，还有被迫当过娃娃兵的男孩们吧。经过心理咨询，他们已经能够直面那些经历，找到了继续生活的力量，而且决定用自己的经验来帮助那些仍然处于绝望或愤怒中的人。其实，做一些帮助别人的事情也有助于疗愈自己。”

珍说她收到过与逆境搏斗的人们寄来的“雪片一样多的”信，有些是来自癌症患儿或有着其他不治之症的孩子的父母，有些来自在孩提时代曾受到虐待但仍然努力好好生活的人，还有很多是来自因环境被破坏而失去希望的人。她告诉我，她经常与生理上或精神上有困扰的人通电话或者互相写信。

“他们想从你这里得到什么呢？”我问。

“他们想要帮助和支持，”她回答说，“这是一项巨大的责任，说老实话，有时候让人精疲力竭。但同时这也是一种荣幸，因为他们经常告诉我与我交流对他们来说确实有帮助。有些甚至说光是听到我的声音就能安抚到他们，让他们感到平静。我不明白为什么会这样，但我已经接受这可能是老天给我的一项天赋。我觉得我必须用好这项天赋。它让我真正理解了人们不得不面对的各种困难和创伤。对于他们充满决心和勇气的应对，我由衷地钦佩。这下又说到那种不屈的精神了！”

珍告诉我，有一次她收到了一个年轻女子写来的信，信中附有一份关于协助提供失踪人员相关信息的警方通知。

“我叫她安娜，”珍说，“失踪的女人是安娜挚爱的姐姐，她的姐姐最后一次被人看到是十几岁的时候。她在一个狂风暴雨的天气里在加油站上了一名男子的车。那是32年前的事了。”

珍说安娜很崇拜她的姐姐，在她痛苦的童年时期，姐姐是为数不多的给了她稳定支撑的人之一。

“当我见到安娜时，”珍继续说，“她有些语无伦次，但我后来读了她递给我的信，才知道她是想请我签署一份要求重新审理她姐姐案子的请愿书。她的字写得特别小，几乎需要用放大镜才能看得见。我给她回了信，她告诉我她大概给40个人写了同样的信，‘但你是唯一给我回信的人’。”

于是她们开始通信，后来珍给了安娜自己的电话号码。

“她有时会连续打给我三四次，而且总是一开口就哭。每次她说话的声音都非常不一样。我读过好些关于精神错乱的异常表现的文章，因而意识到她发展出了多重人格，她的这种表现被普遍认为是一种应对极端精神创伤的方式。”

珍接下来解释了安娜所经历的严重心理创伤。她两岁大时，父亲在参加越南战争后回到家，开始对他的妻子动手施虐，妻子于是患上了慢性抑郁症，不得不接受治疗。父亲再婚后，安娜和她的姐姐跟着他住。接下来长达10年的时间里，安娜一直遭受着父亲惨无人道的性侵，并被父亲和他的再婚妻子施加身体虐待。她的姐姐不知为何没有遭到这样的对待。后来安娜的母亲终于出院了，给了当时 12 岁的安娜和姐姐一个家。然而就在安娜刚尝到一点正常家庭生活的滋味时，传来了姐姐在回家庆祝感恩节的路上失踪的可怕消息。难怪安娜会处于这种糟糕的精神状态。

“难以置信的是，”珍告诉我，“她有 22 个不同的人格——她渐渐地开始信任我之后，给我写下了三个完全不同的家谱，本人身份时而是小孩，时而是成人。而且我刚才已经说到了，她打电话给我时会用不同的声音说话，这在多重人格患者身上很常见。有时她会挂断电话，然后用完全不同的声音再打回来，有时是孩子的声音。我会问她：‘那么这次你是谁呢，安娜？’一段时间以后，我鼓励她把受到的残忍虐待的细节写下来。”

然后，由于担心给出了不专业的建议，珍给研究精神疾病的著名神经学家奥利弗·萨克斯博士写了信。

“我向他说明了安娜的特殊情况，说我告诉她应该把一些可怕经历写出来，但我不知道我做得对不对。他说：‘你做得很对。我会告诉我所有的病人随身携带一个笔记本，把所有他们忽然间想到的不好的事情都写下来，去面对这些现实。’他还告诉我，他从来没有听说过有这么多不同人格的人。”

安娜按照珍的建议去做了。“现在我已经不需要拿放大镜来读她写的东西了，”珍说，“她也不再不停地给我打电话。她现在和母亲住在一起，在一所教育困难家庭儿童的学校工作，孩子们很爱她。她也从她养的两只猫那里得到了非常多的安慰。她成功地让姐姐的案子得到了重审，甚至准备勇敢地去公共场合露面，代表同样尝过挚爱之人失踪的痛苦滋味的人们发声。”

不管是这位年轻女子疗愈过往创伤的经过，还是珍在全世界出差途中抽出时间帮助她的努力，都让我深受感动和鼓舞。

“其实不光是为了帮助她，”珍说，仿佛是要打消我对她形成特蕾莎修女似的印象，“她的故事也让我非常着迷。人的心灵和它会出现的问题总是尤其吸引我的注意。”

“听起来像是你身体里的那个自然主义者在发挥作用，”我说，“和她相处的这段经历让你有什么感受？”

“这个嘛，她给出了一个特别棒的例子，让我看到不屈的精神可以战胜极端的虐待和痛苦，重塑一个完整的人格。”

珍说过，希望是一种生存特质，我现在开始明白这句话的含义了。珍以某种方式给了安娜希望，这份希望又引着她走上了疗愈之路。当我们面对逆境时，希望会给我们信心，让我们燃起不屈的斗志去克服困难。

这似乎又回到了我们最开始关于希望的对话——韧性关乎我们可以改变自己和他人生活的信念，而希望赋予了我们治愈自己乃至努力把世界变得更美好的意志。

“你知道，”一阵让人放松的沉默之后，珍忽然开口说道，“我认为这里头非常重要的是要有一个支持网络——顺便说一句，这个网络也可以包含动物。还记得安娜的猫吧。”

我们彼此需要

“的确，”我说，“我看了好些关于韧性的研究资料，了解了遭遇困境时社会支持的重要性。这样的支持能非常有效地帮助人们走出抑郁和绝望。”

“哦，是的，你让我想到了一个很好的例子，”珍笑着说。我把背靠回椅子上，准备享受更多的故事时间。

“那是我在一次中国之行中听到的故事。关于两个很不平凡的人 —— 等等，我得查一下他们的名字。”

珍打开她的笔记本电脑。“找到了 —— 贾海霞和贾文其。”珍把两个名字拼出来给我看，然后合上笔记本电脑，开始讲这个她显然非常喜欢的故事。

“他们住在中国的一个小村庄里，从小就是朋友。海霞出生时就因白内障单眼失明，一次工厂事故让他的另一只眼睛也看不见了。文其 3 岁时碰到了一段掉到地上的破损电线，因此失去了双臂。海霞完全失明之后变得非常消沉，文其觉得他必须找到什么他们能做的事情，让海霞的生活有意义。那时他们已经 30 多岁了。

“不知道文其花了多长时间去想他的计划，但他突然有了答案。两人经常一起聊的话题就是村子周围土地的退化，这些土地的质量从他们小时候就开始每况愈下。采石作业污染了河流，杀死了大量鱼类和其他水生生物，工业排放把空气也弄脏了。

“我只能想象文其向他的朋友提议植树的场景。我敢说海霞一开始是怀疑的——他们怎么种植呢？没有钱，自己是盲人，文其没有胳膊。但文其自有答案：他可以当海霞的眼睛，海霞可以做他的手臂。

“他们买不起种子和树苗，所以他们决定从树上剪枝进行扦插。文其把海霞带到合适的地方，由海霞完成剪枝。海霞就这样拉着文其的空袖子，两人的足迹覆盖了一片又一片山岗。最开始彻底失败了，他们在第一年就扦插了大约800株树，本来挺高兴，但在春天来临时发现只活了两株，你想想他们是什么感受。那边的土地太干了。当时海霞想放弃，但文其告诉他不能这样——于是他们想办法给树浇水。

“我不知道他们是怎么做到的——但无论如何，他们做到了。他们扦插了更多的枝条，这次大多数成活了。”

珍说他们现在已经种了1万多棵树。她还告诉我，其他村民起初大都持怀疑态度，但现在也开始帮助照料这些特别的树了。

“有一部关于他们的纪录片。”珍说。“我记得文其在里面说：只要他们劲往一处使，心往一处想，就没什么是他们完不成的。他还说——等一下，”珍再次打开她的笔记本电脑，“对，就是这里：‘虽然我们两个人的能力有限，但是我们可以有我们这种精神。所以，让我们的后代和世人看看两个残疾人做到的事情吧。以后我们不在了，他们也已然能够看到一个盲人和一个没有胳膊的人给他们留下的森林。’”

“这真是一个友谊能给绝望的人带来希望，和人类的不屈精神定能有所成就的绝佳案例。”

一个中国农村的故事：贾海霞和贾文其种了 1 万余棵树，帮助恢复村庄周围退化和污染的土地——两个人一个看不见，一个没有胳膊。这就是不屈的精神（新华社记者，中国全球图片总汇）

"所以你的意思是有决心、有方向的人可以激发他人一起为解决问题去努力？"

"是的，"珍回答道，"还有一件特别关键的事就是要帮助人们意识到，作为一个个体，他或她很重要。每个人都有自己的角色。每个人来到这个世界上都是有原因的。"

"意义感对希望和幸福来说是不可或缺的，不是吗？"我问道。

"是的，"珍答道，"找不到意义的人生是空虚的，只剩日复一日、月复一月、年复一年的机械交替。"

"大概，"我想了想说，"失去希望的人的日子就是这样。"

"有时候，他们是可以被一个非常好的故事从看似无意义的生活中拉出来的，”珍说，“一个能够触及他们的内心并唤醒他们的故事。”

“你能举个例子吗？”

“我有一个特别喜欢的故事是虚构的，但拿来举例子似乎很合适——《指环王》的故事。”

“它何以成为一个适合绝望的人听的故事呢？”我问。

“因为那里面的英雄们要面对的那个力量似乎是不可战胜的——魔多的强大力量、奥克和骑着马的黑骑士，还有那些飞行巨兽。而两个霍比特人，山姆和弗罗多就这样闯入了危险的中心。”

“这是一个‘不屈的霍比特精神’的例子吗？”

珍笑了，说道：“我认为它为我们提供了一个很好的参照，关于应该如何生存，如何扭转气候变化和生物多样性的丧失，还有贫困、种族主义、歧视、贪婪和腐败。魔多的黑暗魔君和黑骑士象征着我们必须对抗的所有邪恶。护戒使者则代表了所有为美好而战的人——我们必须非常努力地在世界各地培养这样的使者。”

珍说到在那个世界里，破坏性的工业污染了中土世界的土地，就像今天我们的环境遭到破坏一样。她回忆了精灵女王凯兰崔尔送给山姆一小盒她果园里的泥土那一段情节。

“你还记得在黑暗魔君最终被击败后，山姆环顾满目疮痍的大地时是怎么使用这份礼物的吗？他去到了全国各地，四处撒上一小撮这种泥土——大自然的各个角落顿时恢复了生机。那些泥土就像人们为恢复地球上的栖息地开展的各种项目啊。”

我想象着世界各地的人们以各自微小但力所能及的方式修复人类已造成的伤害，觉得珍的比喻令人既感到安慰又深受鼓舞。炉火已经矮下去了，但房间和珍的脸仍然被这一刻的夕阳照得十分明亮。这一幕作为我们谈话的或者至少是我这次拜访的结束画面，似乎再合适不过了。

和珍一起进行的这次对希望的探索还剩最后一次对谈。这次我们会谈及我一直以来深感兴趣的主题：珍成为全球偶像的历程。她是如何逐步成长为全世界的希望使者的？

不过，这最后一次关于珍本人的谈话得等到下次了。我们计划在几个月后再见面，届时我可以去珍在伯恩茅斯的童年家中和她聊天。这是个理想的安排，因为我想了解她早期的成长历程。拥抱告别后，我在日落时分离开了小木屋，那是 2019 年 12 月。没人料到我们关于希望的对谈会在荷兰一别后中断那么久，更加无法料到世界会愈加迫切地需要一场关于希望的对话。

III

人们总是喜欢评价珍的眼睛，说珍看起来像是拥有某种古老的智慧。一个“老灵魂”，有位女士是这么形容的［珍·古道尔研究会 / 珍的舅舅埃里克·约瑟夫（Eric Joseph）友情提供］

III

成为希望的使者

一生的旅程

全球范围内无数的会议、庆祝和聚会都因为新冠肺炎全球大流行而停摆了。我们也一样，不得不取消了我去伯恩茅斯——珍的童年家中——探望她的计划。直到2020年秋天，珍和我才通过Zoom（视频会议软件）重启了我们的对谈。珍确实是在伯恩茅斯，而我却坐在世界的另一端，加利福尼亚的我的家里。

这种病毒给全球经济和人心造成了巨大的困境，死亡和毁灭的暗影笼罩了全世界。几天前我刚参加了大学室友的葬礼。在新冠肺炎大流行之初他丢了工作，开始变得抑郁。我和另一位大学朋友发现他严重的抑郁症状后，一直试着支撑他扛过这段迷茫和失落的时期。他前一阵似乎好了一些，还告诉我们不需要去看他，他也不需要帮助。但那却是我们最后的对话——两天后他就举枪自杀了。

失去挚友于我的悲痛，不过是新冠肺炎大流行造成的全球海啸中一个小小的旋涡。人们在随之而来的混乱和孤立无援中艰难度日，绝望而死的人以可怕的速度增加。几个月之后，我身边另一个全家都熟识的朋友死于吸毒过量，年纪还非常轻。精神健康问题的大流行与病毒一样迅速蔓延。很多人感觉每天都在遭遇新的危机，心痛和悲伤一轮接一轮，几乎毫无喘息之机。

看到珍的脸，虽然只是在屏幕上，似乎为我的悲伤注入了一线温暖的希望。她将灰白色的头发往后梳成了她代表性的马尾辫，穿着在坦桑尼亚穿过的那件绿色狩猎衫，看起来像个野外向导。事实上，在我们写这本书的过程中，在这一次我们追寻希望也直面绝望的旅程中，她确实带着我去了许多地方，看遍了世界与人性中最美的希冀和最幽暗的恐惧。

“在参加了一场残酷的葬礼后，能看到你真是太好了。”这是我们重新取得联系后我说的第一句话。

“我很抱歉，道格。失去我们爱的人是很痛苦的，因为自杀失去他们是尤其痛苦的一种。”

珍坐在一张临时堆起来的“桌子”前——一个小台子上放了一个大盒子，大盒子上又搁了一个稍小的盒子。她身后的书架上摆满了家庭照片、旅行纪念品和许多她小时候读过的书，《杜立德医生》《人猿泰山》，以及《丛林故事》——在印度被野生动物养大的莫戈利的故事。藏书里还有哲学书籍和诗集，她青春期的阅读兴趣可见一斑。

“很遗憾你不能亲自来看，”珍说，“我带你瞧瞧我这个阁楼上小小的藏身之处吧。”

她抱着笔记本电脑在房间里走来走去，给我介绍对她来说最重要的人和纪念品。

珍的母亲（迈克尔·诺伊格鲍尔/ www.minephoto.com）

“这是我妈妈，”珍边说边拿起一张她母亲的照片，照片里的人留着黑色头发，穿着一件棕色衬衫。“这个是格鲁布，”她指着一张她儿子的照片说，“拍这张照片时他大概是 18 岁。”照片中的格鲁布留着很短的头发，透过无框眼镜直视着前方，似乎在看向自己的未来。

“这一张是埃里克舅舅。”他同样是一头黑发，目光严肃而敏锐。我看到了我在访谈过程中遇到过的她所有家人的肖像。“这是外祖母丹妮。”她指着一张黑白大照片说道，照片上是一位老妇人，温和的脸庞上显露出坚定和睿智。旁边还有一张外祖母和三岁的格鲁布在一起的照片。再旁边是珍的姨妈，大家都叫她奥莉，是她的威尔士名字奥尔文的简称。还有一张珍从未见过面的外祖父的肖像，他在她出生之前就去世了。照片上的他脖颈处裹着牧师硬白领，表情严肃但不失温暖。最后是她

拉斯蒂——珍的“老师”（珍·古道尔研究会/古道尔家人提供）

的两任丈夫，雨果和德里克的照片，还有一张大大的照片是路易斯·利基。

珍的照片集里，动物和人几乎一样多。“这个，”她说，声音透出一股不一样的温柔，“是拉斯蒂。”她指着一张照片，照片上是少女时期的珍，穿着骑装，旁边端坐着一只胸前有一片白毛的黑色小狗。“让我给你仔细展示一下它的肖像。”她将照片拿近笔记本电脑屏幕，我看到了它清澈的眼睛，充满智慧。

“它太特别了，”珍说，“比我认识的其他的狗都要聪明。是它教我意识到动物有解决问题的头脑，也有情感和鲜明的个性，给我开展黑猩猩研究带来了很大帮助。”

一次非常神奇的经历：温达第一次见珍那天给了珍一个长长的拥抱（珍·古道尔研究会 / 费尔南多·特莫）

“这是灰胡子大卫。”我能看到它下巴上的一撮明显的白毛，它是第一只对珍放下戒备的黑猩猩，向珍展示了不是只有人类才会使用和制造工具。

“还有温达[*]。”珍补充道。

我认出了这张照片，这个温柔的跨物种拥抱的视频已经在互联网上广为流传。温达被偷猎者从窝中抓走，险些被当作丛林肉出售。它被珍·古道尔研究会的一个黑猩猩康复中心救出

---

* 在刚果，温达的名字 Wounda 的意思是“濒死”。——编者注

温达获救前后（珍·古道尔研究会／费尔南多·特莫）

来时只剩一口气了。经过非洲第一例黑猩猩输血手术后，温达逐渐恢复了健康，被带到了刚果共和国一处森林覆盖的受保护岛屿休养。从运输笼里出来后,它转身给了珍一个长长的拥抱，珍说这是她人生中最奇妙的经历之一。后来温达成了群体中的

一些珍在世界各地收到的毛绒玩具礼物（珍·古道尔研究会 / 珍·古道尔）

阿尔法雌性（群体中最重要的雌性），生下了一个黑猩猩宝宝。它被取名叫“希望”。

“放在上面的，”珍一边说，一边调整笔记本电脑的角度，“是一些特别的动物毛绒玩具。无论我走到哪都会收到毛绒玩具——当然主要是黑猩猩！”她拿下来一只黑知更鸟——一个从灭绝边缘被奇迹般地拯救回来的物种——毛绒玩具，她之前给我介绍过这个物种的故事。她还指给我看了另外几个动物毛绒玩具，这些动物同样是人们正在努力拯救的一些濒危物种。

然后，她从书桌旁的椅子上拿起一只长相奇特、手里拿着一根香蕉的猴子玩具。我立刻认出了它：著名的 H 先生。

“它是加里·豪恩（Gary Haun）25 年前送给我的，”珍说道，“加里在海军陆战队服役时，眼睛因为一次事故失明，那时他

加里·豪恩，送给我 H 先生的盲人魔术师，他叫自己“神奇的豪迪尼”*［罗杰·凯勒（Roger Kyler）］

21 岁。不知出于什么原因，他决心要成为一名魔术师。‘你当不了魔术师，你是盲人啊！’人们这么对他说。但事实上，他做得太出色了，看他表演的孩子们都没有意识到他是盲人。在表演结束时，他会说明他其实看不见，并告诉孩子们，如果生活出现了问题，一定不要放弃，前面总会有路。他会水肺潜水和跳伞，还自学了绘画。”珍拿起一本名叫《盲眼艺术家》的书，一翻开就是一张 H 先生的照片。我很吃惊——那竟然是一个从

* 豪迪尼（Haundini），与魔术大师胡迪尼（Houdini）的名字谐音。——编者注

著名的 H 先生。每个人都想摸摸它，尤其是小孩子［罗伯特·瑞茨尔（Robert Ratzer）］

未亲眼见过黑猩猩、只摸过毛绒玩具的人画出来的。

“加里以为他给了我一只黑猩猩，”珍补充道，“但我让他抓住了玩具的尾巴，告诉他黑猩猩是没有尾巴的。他说没关系，你去哪都带上它，你就会知道我在精神上与你同在。H 先生现在已经和我一起到过 61 个国家，至少有 200 万人摸过它，因为我告诉他们，摸一下就能分享它的精神力量。另外，让我告诉你一个我总是跟孩子们分享的秘密：H 先生每天晚上都吃一根香蕉，但这是一根神奇的香蕉，第二天早上总是会再次出现。”她露出了顽皮又会心的微笑。

她又拿起了四个玩具：“让我向你介绍小猪、奶牛、小老鼠和章鱼奥克塔维娅。和 H 先生一样，它们也是我的旅伴。”

我问她，它们有何特别之处。“它们有助于我在讲座中说明观点。我谈到工厂化养殖时会用到这只奶牛，尤其是当我和孩子们交流时。我想解释奶牛是怎么产生甲烷这种有害的温室气体的，”她笑着举起奶牛示范，“食物进来了”——她指着奶牛玩偶的嘴——“消化食物时，它会排出甲烷。”她抬起牛的尾巴，展示气体排出的位置：“我还告诉他们奶牛也会打嗝，大家总会笑成一片。当我谈到老鼠有多聪明时，我会用这只小老鼠，特别是说到训练非洲巨鼠或巨囊鼠排雷（那种内战后遗留下来的地雷）的时候。”我知道很多人因为无意中踩到地雷失去了一只脚或者一条腿。珍告诉我小猪和奥克塔维娅也是她在提及动物智力时的道具，尤其是说到猪和章鱼这两个物种的时候。

她还介绍了她处于“在路上”的生活状态时留下来的各种纪念品，她在新冠肺炎大流行之前长期在世界各地奔走，传播环境意识和希望。“有好多珍贵的礼物，每个都有一个故事。”她一边说，一边让笔记本电脑的相机镜头慢慢扫过挤得满满当当的架子。

最后她走到了一个木箱子前面，箱盖上刻着两只黑猩猩。“这里面，”她说道，“保存着我大部分的希望象征物，有时我会在讲座中用到它们。”

她回到了自己的工作室，把笔记本电脑放回摇摇欲坠的办公桌上，一件一件地拿起那些小物件给我看。先是一个粗制的铃铛，珍晃了晃，它发出一种并不怎么好听的铃声。“这是用莫桑比克内战中没有爆炸的地雷上的金属做的，那只是众多遗留下来的地雷之一。数以百计的妇女和儿童在田间劳动时因误踩被炸掉了脚。非常特别的地方在于，它是由一只经过特殊训练

希望的象征物之一，用拆除的地雷做成的铃铛。珍总是在联合国国际和平日摇响它（马克·马利奥）

的非洲巨囊鼠发现的，就是我刚刚和你提到的那种。一种可爱的小动物——我看过它们在坦桑尼亚接受训练，现在它们仍在非洲很多地方进行排雷作业。”

接下来她展示的是一块织物。克里斯·穆恩（Chris Moon）在莫桑比克为一家慈善机构监督排雷时被炸伤，失去了右小腿和右小臂。他学会了用专门设计的轻型假肢跑步，而且在离开医院不到一年的时间里就完成了伦敦马拉松比赛。随后，他又参加了更多其他的马拉松比赛。“这是克里斯套在他断肢上的保护袜中的一只，用来防止擦伤，”珍告诉我，“这是很特别的一只袜子，是他在参加世界上难度最大的马拉松比赛撒哈拉沙漠马拉松时用过的。他完成了 137 英里的全部路程，横跨了撒哈拉沙漠。”

加州兀鹫已濒临灭绝。在一些兢兢业业的生物学家的努力下，种群数量现在有所上升。从纸管里缓缓抽出一根加州兀鹫长长的初级飞羽，是珍演讲时特别喜欢做的事情。它是珍希望的象征物之一［罗恩·亨格勒（Ron Henggeler）］

然后，珍举起一块混凝土，这是一位德国朋友只用一把袖珍折刀在柏林墙倒塌的那天晚上凿下来的。还有一块石灰石，来自纳尔逊·曼德拉在罗本岛监狱里强制劳动所在的采石场。

“这个真的非常非常特别。”珍拿起一张小贺卡说道，并打开来给我看——里面是两根小小的黑色初级飞羽，是唐·默顿送给她的。我们说到过他如何将黑知更鸟从灭绝边缘拯救回来的故事。“这几根来自小蓝，”珍满怀爱惜地指着小羽毛说，“老蓝和黄黄的女儿。”

她告诉我，她还有另一种险些灭绝但被救回来的鸟类——加州兀鹫——翅膀上的一根初级飞羽，但它在珍·古道尔研究会美国的办公室。珍告诉我它足足有 66 厘米长！“当我在美国做演讲时，我会非常非常慢地将它从硬纸管中抽出来，它总能引起一阵惊叹声 —— 我想那大概源于一种敬畏感。”

珍小心翼翼地将她的宝贝放回箱子里，我们重新开始了对话。我再次看向珍那双锐利的眼睛，对它们发表了一些评论。这让珍想起了什么，她微笑了起来。“当我还是个婴儿的时候 —— 大概一岁左右，我的保姆常常用婴儿车推着我在公园里散步。一般会有很多人停下来和我们打招呼，那时大家彼此都认识。但是有这么一位老妇人就是不愿意看我。‘是因为她的眼睛，’她告诉保姆，‘看起来好像能看透我的心思。那个孩子的身体里住着一个老灵魂，让我觉得很不安。我不想再看她了。’”

“哦，等一下，”珍说，突然从屏幕前走开了，“我忘了给我的笔记本电脑插上电源，快没电了。”她去拿电源线时，很多念头涌进了我的脑海。我们有充分的理由担心，人类这个物种最好的日子也许已经过去了。政治局面动荡，煽动人心的政客趁势而上，让全世界面临威胁。不平等、不公正和压迫仍然困扰着我们。连我们的星球家园也危在旦夕。虽然如此，珍仍然向我展示了保持希望的几个深刻理由：它在我们不可思议的智识里，在自然的韧性里，在当今青年的活力和承诺里，当然也在人类的不屈精神里。珍目睹了如此多发生在世界各地的人们与动物身上的残忍和痛苦之事，如此多的对自然的破坏之事，是什么让她在痛心之后仍然站成了希望的灯塔？这种能力是她与生俱来的吗？

珍回来坐下后我告诉她，她对未来怀抱希望的能力和激发他人心中希望的能力让我感到神奇。“那个躺在婴儿车里、目光有如一个老灵魂的注视的婴儿，是怎么成为现在这个希望的使者的？”我问道。

“这个问题的答案，也许的确从我还是个孩子时就开始成形了，”她说，“我谈到过母亲的支持给予我的自信。我在成长过程中一直为亲爱的家人、美好的家庭氛围所围绕。我的外祖父死于癌症时，全部家当几乎已经花光，是外祖母丹妮带着全家人撑了过来。可惜现在我没有时间分享她的故事。奥莉姨妈和埃里克舅舅也是很棒的榜样。奥莉是一名理疗师，曾帮助过许多患有脊髓灰质炎、畸形足和佝偻病等疾病的小儿患者。我在伦敦完成秘书课程回到家后的第一份工作，就是帮着每周来给孩子们做一次检查的整形外科医生做记录。那时我才了解到生活是多么残酷，可以将不堪忍受的创痛加诸无辜的孩子和他们的家人身上。但同时我也一次又一次地折服于他们的勇气和坚韧。没有哪一天我不感谢上天给了我健康的身体，我不敢妄以为这是理所当然的。”

她告诉我，埃里克舅舅在为不列颠之战中的伤者做完手术后到伯恩茅斯小住了几周，对她说过许多有关勇气的故事。“我之前提到过，”珍说，“成长于第二次世界大战教会了我很多东西——我懂得了食物和衣服的价值，因为一切都是定量供应的。我懂得了死亡和人性残酷的真相，一边是爱、同情心和勇气，一边是暴力和对他人难以置信的残忍。我们之前说到过，我在年纪很小的时候就看到了这一点。犹太人大屠杀瘦骨嶙峋的幸存者的第一批报道和照片公开时，人性的阴暗面深深地震

珍在被授予大英帝国三等爵士勋位（CBE）那天与父亲、母亲和朱迪在一起（珍·古道尔研究会/玛丽·刘易斯）

撼了我。”

“还有纳粹德国的失败——嗯，没有更好的例子能证明下面这一点了：在失败看起来不可避免的时候，用大无畏精神和极大的勇气迎击敌人依然可以赢得胜利。”

我逐渐明白了珍的家庭和成长环境发挥的重要作用，但我意识到珍没有提到过她的父亲。

“嗯，父亲没有在我的童年记忆中留下太多印象，因为战争一开始他就加入了皇家工兵部队，战争结束时他就和母亲离婚了。但我肯定从他那里继承了非常强韧的体质。”

“对，你告诉过我你发作过几次严重的疟疾，但都恢复了过来，你在森林里攀爬时留下的各种磕碰伤和划伤总是很快痊愈。你是怎么变得这么结实的，你不是说小时候并不是这样吗？”

珍笑了："我小时候绝对不是！我落下了许多功课。似乎和你提到过，我有过极严重的偏头痛，经常在我开始期末考试时发作。这真的让我很沮丧，因为我学习一直很努力，遇到任何问题我都认真找答案。而且我经常发作扁桃体炎，非常痛苦，好几次还伴随着扁桃体周脓肿。"

"什么是扁桃体周脓肿？"我问道。

"就是扁桃体底部周围的脓肿，只能等它自行破裂，破裂之前真的非常非常痛。我得过除流行性腮腺炎以外的所有儿童常见病——麻疹、风疹、水痘——朱迪和我都差点死于猩红热。

"我也对你提起过，当我大约15岁的时候，我很确定只要我一摇头就能听到大脑在头骨里晃荡。我当时特别害怕。最后埃里克舅舅带我做了检查，当然我的大脑完全没有问题，但我还是不敢摇头，因为我仍然可以听到我的大脑在里面晃。或者至少我以为我能听到吧。事实上，就像之前一次谈话中我告诉你的，我经常生病，因为这个，埃里克舅舅曾经叫我'小病秧子'。有一天我无意中听到他和我妈妈说话，质疑我是否有这个体力去非洲追随我的梦想。这对我形成了一个挑战——如果我想去非洲实现研究动物的梦想，我就必须证明他错了！"

"你肯定是做到了。但是怎么做到的呢？"

"回想当时那几年，我忽然意识到我在假期里从来不生病。我在学校表现很好，但我总想出去，想待在大自然里。生病一定是有某种心理机制，虽然完全是无意识的——一种离开学校的方式！在假期里我是一个真正的假小子，选最高的树爬，雪天里游泳，允许骑性格最烈的马，那匹马非常爱颠人，总想从马术学校逃跑。”

我笑道：“也许这些都为你在非洲应对一切可能的情况做好了准备？”

“有过一些挺可怕的瞬间。”珍说道。她对我讲述了她与非洲水牛和花豹的亲密接触——她偶然间遇到了它们，但它们从未伤害过她。有一次她沿着海滩散步时，一条可以致人死命的水眼镜蛇被冲到了她的脚上，用它“毫无表情的黑色眼睛”盯着她。她笑着说：“我得承认我当时有点害怕。我们没有抗蛇毒血清，许多渔民因为撒网时不小心抓住了这样一条蛇被咬伤后丧命。我就一动不动地站着，直到另一个浪头带走了它，那会儿真松了一口气！”

“但所有这些都是让人兴奋和激动的部分，道格，”珍说，“最糟糕的部分是最开始，黑猩猩不断地从我身边跑开的时候。我不知道在资金花完之前我能否赢得它们的信任。人们问我一开始有没有想过放弃，好吧，你现在已经特别了解我了——我很固执，我压根没想到过放弃。”

“你的研究方法在剑桥大学遭到批评时，你是怎么做的？”我问，“毕竟你没有上过大学，没有接受过科学训练。你当时没有被吓倒吗？”

“想到要去那所著名的大学，到那些为学位付出了无数努力的学生中间去，我是有点战战兢兢。但当我得知不能提黑猩猩有个性、头脑和情感时——好吧，我完全惊呆了。幸运的是，在我认识黑猩猩之前，我就从拉斯蒂和我小时候养过的各种宠物那里学到过不少，在这方面那些教授绝对是错误的。我很清楚，我们不是这个星球上唯一拥有个性、头脑和情感的生物，我们是这个神奇动物王国的一部分，我们与它们之间并无云泥之别。”

“那你是怎么对付那些教授的？”

“这个嘛，我没有去争辩——我只是继续平静地描述黑猩猩原本的样子，展示雨果在贡贝拍摄的影片，并且邀请我的导师到贡贝参观。有了我的这些第一手观察资料和雨果精彩的影片，黑猩猩与我们在生物学意义上的相似性已经显而易见。就这样，大部分科学家逐渐不再批评我不符合学术正统的态度。再说一次，固执如我，是不会轻易放弃的！”

我遥想着那次如今被认为对重新定义我们和动物的关系发挥了关键作用的学术胜利。

“虽然如此，”珍打断了我的思绪，“如你所知，我还是拿到了博士学位，然后回到了贡贝，为我能一直留在那里感到特别高兴。但在我参加1986年那次会议后，我遭遇了我个人的大马士革时刻，然后一切都改变了。”

“后来发生了什么？”我问。

“我决心去处理的第一件事，是终止拿黑猩猩做医学研究这个噩梦。”

“珍，”我说，“你当时真的认为你能帮到那些实验室里的黑猩猩吗？你真的觉得你能和整个医学研究体制作对？”

珍笑着说：“如果我真的把这个问题考虑透了，我可能永远都不会去尝试。但看了那些实验室里的黑猩猩的视频后——这么说吧，我极度沮丧和愤怒，我必须去试一试，为了黑猩猩。”

“最可怕的部分是强迫我自己真正走进那些实验室，亲眼看到里面的情况。我认为没有一手信息你是解决不了任何问题的。天哪，我当时多么害怕看到这些聪明的社会性生物被一只只单独囚禁在长宽仅有1.5米的笼子里。最后我去了好几个实验室，但第一次拜访对我来说是最难的。母亲知道我的感受，于是给我寄了一封信，里面附了一张写着丘吉尔名言的卡片。而且令人惊讶的是，在开车去实验室的路上我们经过了英国大使馆，那儿有一个丘吉尔雕像，手势是他著名的V形胜利标志。就像一则从过去穿越而来的讯息，那位鼓舞人心的战时领袖就这样在我迫切需要勇气时再次出现在我面前。”

“你到那里后情况如何？”

“这次考察比预想的更让我痛心——这让我更加坚定了决心，一定要尽我所能帮助那些失去自由的可怜黑猩猩，”珍说，“我决定用上我对剑桥科学家用过的策略。我描述了贡贝黑猩猩的行为，给他们播放了影片。我完全相信，很多我最初认为是故意的残忍行为其实都是源于无知。我想触动他们的内心。不管怎么说，这对他们中的一些人奏效了。我们开了很多次会，他们邀请我给他们的员工做宣讲，还起码允许了我派一名学生去介绍一些‘丰富’实验室环境的方式——去放一些东西，缓解一个智慧生物在光秃秃的牢笼中那种绝望的百无聊赖，让它们不至于孤零零地熬过一个又一个单调的日子，只能活在不时发生的入侵性实验带来的恐惧和痛苦里。”

“这是一场漫长而艰苦的斗争。在许多个人和团体的帮助下，拿黑猩猩开展的医学研究——至少我所知道的那些，终于

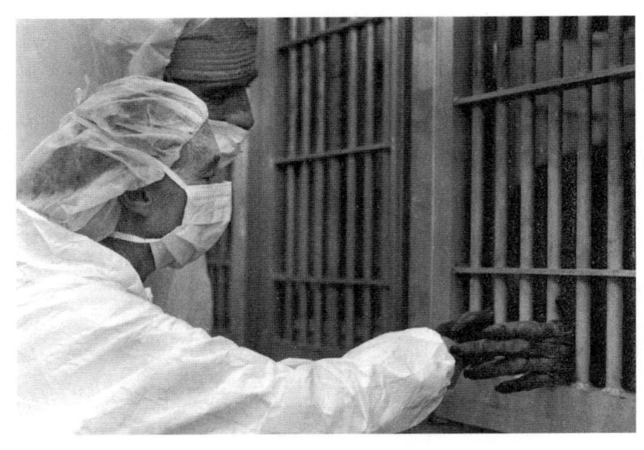

（上）研究室里的一只亚成年黑猩猩，已经陷入严重的抑郁。请注意笼子的尺寸［琳达·克布纳（Linda Koebner）］

（下）珍在一个实验室的“监狱”里探望一只黑猩猩［苏珊·法利（Susan Farley）］

结束了。尽管我的斗争是出于道德考虑，但最终是因为一群科学家发现用黑猩猩所做的实验工作没有产生任何有益于人类健康的结果，美国国立卫生研究院的大约 400 只黑猩猩的命运才得以改变的。”

我知道这只是珍多年来所投入的众多战斗中的第一次，于是我问她后来在非洲是如何应对所爱的黑猩猩面临的巨大挑战的。

非洲的挑战

“所以多年以后，你和后来加入的很多人一起赢得了这场战争。但同时你在尝试为改善非洲黑猩猩的情况做些事情，是吗？会更难吗？你当时真的认为可以带来转变吗？”

“哦，道格，我当时真没有这个把握！1986 年的会议之后，我看到了一个秘密拍摄的实验室黑猩猩影片。我不知道怎么帮它们，但就像我刚才跟你说的，我只知道我无论如何得试试。也是那次会议上，我们有一个关于保护工作的专题讨论，情况令人震惊。我们看到了非洲森林四处被毁的图片，听闻了黑猩猩被杀后卖为丛林肉、幼崽从母亲身边被偷走卖掉的可怕事实，所有黑猩猩研究地的数据都显示了种群数量急剧下降的趋势。我同样感觉自己必须做点什么。我不知道做什么，也不知怎么开始，但我唯一明确的就是，袖手旁观绝不是选项。

“我依旧觉得我需要去非洲实地看看究竟发生了什么。因此我筹集经费走访了正在开展黑猩猩研究的六个国家，发现最迫切的问题之一是，由于母黑猩猩被猎杀用于丛林肉买卖，因而产生了数量非常多的黑猩猩孤儿。它们经常在本地市场上被作为宠物出售，这是违法的，但人们有太多别的事情要操心了，何况当地腐败盛行。

“我永远不会忘记我看到的第一只黑猩猩孤儿。它大约一岁半，被一截绳子绑在一个小小的铁丝笼上面。周围高大的刚果人在一起笑着，它就蜷缩在那个角落，眼神空洞而茫然。我走近它，用黑猩猩那种轻柔的问候声跟它打招呼，它就坐了起来，向我伸出一只手，看着我的眼睛。

“我再次确定了我必须做点什么。很幸运，我获得了一个机会：就在我去往非洲之前，詹姆斯·贝克刚好邀请我参加了一个私人午宴，当时他是老布什的国务卿。他主动提出要帮忙，给我计划访问的几个国家的美国大使都发了电报，请他们给我提供帮助。所以我才能找到美国派驻在刚果（金）金沙萨的大使，然后他又找了刚果（金）环境部部长，部长派了一名警察陪同我们当天晚上又去了那个市场。那里一个人都没有，只有那只小黑猩猩。我想警察要来的消息可能早就传出去了！我们切断了绳子，那只黑猩猩幼崽紧紧地抱住了我，手臂绕着我的脖子。为了感谢国务卿出手相助，我们给它起名叫小吉姆*。当然我没办法照顾它，它被送到了充满爱心的格拉齐耶拉·科特

---

* 吉姆是詹姆斯的昵称。——编者注

曼（Graziella Cotman）那里。就是她一直请求我去金沙萨看看能不能帮到那些黑猩猩。这就是我们的黑猩猩孤儿保护计划的开始。

“我们也已经讨论过，我在这次非洲之行后意识到，要想改善野生黑猩猩的生存状况，必须先改善当地社区的生活，那里都是一些极端贫困的社区。‘关爱’计划就这么诞生了。”

从青涩的年轻女性到全球公众演说家

访谈进行到现在，我已经慢慢明白了珍是如何成功解决那些一般人认为无解的问题的——通过决心，通过激励更多人，也得益于她从在合适的位子上、能够带来改变的人那里获取帮助的能力。但是，她是怎么从一个终日独自待在森林的野外研究人员转变为一年中有300天在旅行和演讲、身边总是围满了人的珍·古道尔的呢？

“是什么让你发生了这样的转变？”我问她，“你跟我说过你是个害羞的小孩——如果有人对26岁的你预言你未来的样子，你会怎么想？”

“如果有人在我第一次去非洲时，告诉我未来某个时候我得在坐满观众的大礼堂里演讲——好吧，我会说那不可能。我之前从来没有在公共场合说过话。当我第一次得知必须去做报告的时候，我真的吓坏了。

“在我第一次做报告的时候，开头才五分钟我就觉得自己快喘不上气了。但后面发现一切还好，我又可以顺畅呼吸了。那是我第一次意识到我有这个与人交流的能力，我可以用话语或者文字去打动他们的内心。当然我一直在努力做得更好。我可怜的家人被我拉着练习第一次演讲的时候，我发了个誓：我永远不会念稿子，也一定不会说‘嗯’或‘呃’。”

“你为什么发这个誓？”

“因为我觉得照本宣科很无聊。说很多‘嗯’和‘呃’也很招人烦。”

我很享受听这位传奇演讲者描述她是如何为第一次演讲努力练习的——那种全力以赴的练习。

“总之天赋一直就在那里，等着被发掘和使用。我记得我一生中做的第三场报告是在位于伦敦的皇家研究院，那个众多著名英国科学家曾发表演说的地方。那里的传统是没有人对你进行介绍，你得在晚上8点时钟开始敲响时走到讲台上，在最后一声钟声落下时开始说话；然后在晚上9点时钟报时第一次敲击的瞬间，你必须停下来。所以我怵了，彻底怵了。在那之前，我还得参加一个小型的正式晚宴，结束后他们把我带到了一个房间，让我独自待上一个小时。”

“但这不是你一直想要的吗？”我问，“属于自己的时间，好集中注意力？”

“这是我现在想要的，但当时——好吧，那只是让我越来越紧张的一个小时！他们把我带到那个房间后，我才惊恐地发现我竟然没有带我的笔记！

“我疯狂地找人给妈妈打电话，她说可以早点来把笔记带给我，那让我平静了一点。我记得我在那个小房间里来来回回地转圈。”

我问她后来进展得怎么样。

“嗯，我被带出去了，就像待宰的羔羊被带去见屠夫。我走到那个讲台上，我记得我听见了老钟报时前发条飞速旋转的嗡嗡声。然后我就开始说话，并且在9点钟声敲响第一下时精准地结束了我的发言，这完全符合他们的要求。

“后来，一名工作人员找我要我的讲稿，我说：‘您是指什么？’他露出非常惊讶的表情说道：‘好吧，您知道的，就是您念的东西。’

“当我递给他时，他看起来特别诧异，而且还有点蒙：我只有一小张纸，上面是用红墨水涂的六七行潦草的字！”

“你在海量的听众面前发表演讲已有几十年了，”我说道，“在第一次公开演讲时，你有预料到后面还跟着这么多次吗？”

“这个嘛，我一直知道我有写作的天赋，”珍补充道，“我很小就开始写作，故事、散文、诗歌我都写，但我从没想过我有演讲的天赋。直到我被迫做了第一次演讲，然后发现人们都在听，最后还听到了他们的掌声，我才意识到我肯定讲得不错。我认为很多人都怀有不自知的天赋，只是还没有机缘逼他们发挥出来。”

我想了一会儿，然后问珍是否相信她被赋予这种能力是有原因的。

“我不得不信，”她说，“我知道我被给予了某些天赋，而且似乎确实有原因。不过不管在什么情况下，也不管这个原因是什么，我觉得我必须使用它们，尽我所能让世界变得更好，让未来的一代代人能更好地生活在其中。即便是对我自己，承认这一点也感觉很奇怪。但我确实相信我被放在这个位置上是有原因的。我想说，当我回顾自己的一生时，会不可避免地产生许多道路早已规划好的感受——很多机会就那么摆在了我面前，我只是需要做出正确的选择。”

“姑且说这是一项使命吧”

“所以你是个害羞的人，但你却选择了不断演讲的一生——”

“我没有选择，”珍打断道，“是人生席卷着我，把我扫到了它的道路上。”

“好吧，人生席卷了你——但你同意了。你跟从了它。”

“我别无选择。”

“你是否觉得受到了某种感召？”

“我不会这么说，可能只是——这么说吧，黑猩猩给了我这么多，现在轮到我试着为它们做点什么了。人们会说离开贡贝于我一定是个艰难的决定，但事实并非如此。我已经对你说过，就像圣保罗行至大马士革，他并没有想要发生这种情况，他没有做任何决定，至少故事是这么说的。一切就这么发生了——他变了，从迫害早期基督徒到试着让人们皈依基督教。这是一个巨大的转变，也是我能想到的最好的例子。”

“那种被称为‘感召’的感觉也是这样的——”

“不，我们姑且说这是一项使命吧。”珍插话道。

“好吧。这种使命感是否能帮你消解自我怀疑,还是你也曾经怀疑过自己能不能做好某次演讲，怀疑自己是否能与某位总理或首席执行官进行对话？”

“当然有，到现在也还是会有这样的时候。我还记得第一次受邀参加大型的联合国气候变化大会的时候，我知道这会迫使我走出自己的舒适区，因为我习惯的场合是和一群学生打交道，或者面向公众发表大型演讲。我有一位一直致力于通过森林保护去减缓气候变化的朋友杰夫·霍罗威茨（Jeff Horowitz），他邀请我去和气候专家、企业首席执行官和政府代表一起进行一次圆桌讨论。我马上说：‘这个我不行，杰夫。老实说我真不行。’”

“是什么让你觉得自己做不到呢？”我问。

“因为我不是气候专家。但杰夫不接受我说不，最后我想好吧，如果杰夫相信我，也觉得这有好处，那我就尽力而为。当然，我已经知道人们其实很想听到有人如实指出我们做了错事，更想听到有人能告诉他们在这片混乱中还有出路。他们想听到有人发自内心地把这些说出来，好让他们有理由去希望。但即使知道这一点，我还是感到很紧张。”

听到世界上最著名的环保主义者之一讲述她的自我怀疑，我很意外，但同时感受到了一种激励。我也同意，如果珍到这个世界上真有原因，那么她被安排的是一条问题接连不断、无比艰难的道路。但是我也看到一旦珍决定采取行动，那就没有什么能阻止她。的确，她也是那种有着不屈精神的人。

“你遇到了很多挑战并克服了它们，”我对珍说，“你说过你很执拗，不会放弃。你确实有某些能帮上你的天赋，尤其是能够直指人心。你在成为希望使者的路上，还得到了什么别的帮助吗？”

“是的，我很幸运，一直有很多非常棒的人支持着我。单靠我自己是永远无法实现这些事情的。当然，这份支持一开始来自我的家人，后来我也不知道为什么能说服这么多人来帮我。有一个人一直在我身边，分享我的悲伤和愤怒：玛丽·刘易斯，她和我已经共事了30年。还有安东尼·柯林斯，他是我在非洲的帮手、益友和参谋，和我共事的时间同样也是30年。无论我去哪里，总会有人栽培我，伸出援助之手，或者同我分享美食和欢笑，哦——当然还有威士忌！没有他们，我没法完成那些事。这是我们共同的成功。”

我想起了我们上次的谈话——关于在困难时期社会支持的重要性。

“支撑我走过一次次挑战的还有我外祖母最喜欢的《圣经》里面的句子：你的日子如何，你的力量也必如何。当我夜里为了第二天必须得做的演讲辗转反侧时，我就会对自己说这句话。它让我安心。”

“那段文字对你来说意味着什么？”

“生活给你考验时，会同时给你应对的力量，哪怕日复一日，考验绵绵不绝。我经常会在可怕的一天开始时默念这句话——我博士论文答辩的那天、面对特别多观众发表演讲的日子甚至是去看牙医的日子！我会想，嗯，我一定会渡过难关，因为我必须渡过。我能找到力量。而且无论如何，到明天这个时候这件事就结束了。

“还有就是当我感觉最绝望、最疲倦甚至筋疲力尽的时候，当我觉得自己绝对做不了某次演讲时，我总能找到那个让我能够应付过去的隐藏的力量。”

我问她那个隐藏的力量是从哪里来的，她又是怎么找到的。

“大概就是对某种外面的力量敞开自己，”珍说道，“我会放松，寻求那个深藏的力量之源，也许就是那个精神力量给了我这个任务。我会在脑子里默念，好吧，你陷我于这一可怕的境地，所以我指望你帮我渡过难关。似乎我最好的一些演讲都是在那种情况下做出来的！说来也奇怪，有那么几次我似乎能够在外面看着自己演讲。”

“你在向上看，”我说，“当你谈到这个外面的力量的时候。”

“嗯，它确实不在那下面。”珍指着地面，笑了起来。

“所以你只是清空你的头脑，设法信任那个精神力量——不管它叫什么——去帮你完成一场演说吗？”我问道，“然后从某种意义上来说，你变成了一条通路——你向更高的智慧敞开了自己？”

“嗯，当然了。存在着一种比我高得多得多得多的智慧。我发现伟大的科学家阿尔伯特·爱因斯坦，20世纪最杰出的思想家之一，也曾基于纯科学得出与我同样的结论。他称之为自然规律性的和谐——这真是一句了不起的话。”

我正要回应，却注意到珍移开了视线，脸上露出担忧的神情。“道格，抱歉打断一下，但我看到知更鸟站在我的鸟桌上通过窗户往里看呢。我不喂它的话，它会生气的！”

“鸟桌？”我问道。

“一个连着我阁楼卧室窗台的小平台，”珍说，目光仍然看着左手边，“要不你看看能不能用谷歌搜索爱因斯坦的话，我去喂一下鸟。在他《我的世界观》那本书里。”

珍走开后，我查了这句话。确实在珍说的那本书里：“自然规律性的和谐……揭示出了一种如此深邃的理性；与此相比，人类一切有意义的思考和安排都只不过是其微乎其微的反映。”*

我在当天谈话的语境下思考着这句话。我突然想到，在珍不凡的人生道路上，一定有过一些幸运的巧合，或者她也许就是被爱因斯坦相信的这种卓越智能引领着。珍回来后，我完整地读了那句话，然后问她：“所以你觉得自己受到过这个卓越智能的引导吗？还是你觉得是一些传统意义上的巧合在你的旅程和我们所有的旅程中决定了方向？”

---

* 此段译文引自《我的世界观》（中信出版社，2018 年）。——编者注

是巧合吗？

“不，我已经不再相信巧合了。”珍不假思索地说道。

“为什么不？”

“这么说好了，巧合意味着某个随机事件正好和你生活中的另一事件同时发生，我没法相信我们生活中所有看似巧合的事件都是随机发生的。有些事的发生更像是在给我们机会。我有太多这样奇怪的经验了。”

“比如说？”

“其中一次是死里逃生。战争期间，有次母亲带着我和朱迪去度假——其实就在家附近，那儿有一片海滩，如果从铁丝网防御工事中的一个小洞成功钻出去的话，我们甚至可以下水游一游。我们住在一个小旅馆，中午12点准时提供午饭，如果迟到就糟了——中午就什么吃的都没有了。有一天，妈妈坚持要绕很长的路走回去，得穿越几个沙丘和一小片树林。我们表示抗议，因为这意味着错过午餐，但她非常坚持，我们只好不情不愿地依了她。

“走到半路，我清楚地记得我抬头看见一架飞机从非常高的位置飞进了我们头顶瓦蓝色的天空。然后我看见两个黑色雪茄状的东西从飞机的两侧落了下来。妈妈赶紧叫我们卧倒在沙子里，她则趴在我们俩上面。很快传来了两次巨大的爆炸声。太可怕了。后来我们才看到，其中一颗炸弹在小路中间炸出了一个巨大的坑，那是我们之前每天走的路。

"那么——母亲决定换一条路是'巧合'吗？平时她的心里总有个声音，不停地念叨着不要走远路。"

"她有没有告诉你是什么让她换了一条路呢？"我问。

"没有，她不喜欢谈论这些。但她似乎是有第六感的。还有一次，她在不列颠之战中穿过整个伦敦接她的妹妹奥莉出院——奥莉刚接受了一次手术，双腿都打着石膏。那时英国处在战争的蹂躏之下，母亲经过千难万险才把她接回伯恩茅斯。每个人都觉得她疯了。就在回去的第二天，一颗炸弹落在了医院的房顶上。也有可能是一个疗养院，现在也没办法问了。"

"你能解释一下这第六感吗？"

"我似乎没法解释——它可能是种心有灵犀。或许母亲感觉到了那架轰炸机上坐着的德国飞行员，或者她有一种预感——奥莉有可能会死于轰炸。还有另外一件事情。她和我父亲的弟弟关系很好，有一个晚上她在伯恩茅斯家里洗澡的时候，突然大声喊出他的名字，哭了起来。后来，她发现那就是他驾驶飞机被击落后遇难的时刻。"

我想知道为什么珍的母亲不喜欢谈论她的第六感，珍说她母亲觉得太灵异了。

"关于这种巧合我还有一个故事。我丈夫德里克在坦桑尼亚去世的那晚，格鲁布远在英国寄宿学校。

"格鲁布和我母亲类似，也有那种预感。它是以一个奇怪的方式呈现出来的：他突然从梦中惊醒，梦里奥莉到了学校对他说，'格鲁布，我要告诉你一个很伤心的消息。德里克昨晚死了'。他连续做了三次这个梦，第三次醒来后他去找了女舍监，告诉她他做了可怕的噩梦。早上奥莉就到了学校，她带着他走到花园里，然后说：‘格鲁布，我要告诉你一个很伤心的消息。’格鲁布说：‘我知道，德里克死了。’”

我脑子里转着这些故事，意识到我们的讨论已经离开了科学的领域，但我仍然很感兴趣。

“我想告诉你另一个给我的人生带来不同的‘巧合’。瑞士航空从苏黎世到伦敦的航班上有一个空座位。我本来应该坐更晚一班的飞机，但是我从坦桑尼亚来的飞机早到了，我就换了早些的航班。整个飞机上唯一的空座位就在我旁边。这个座位上的乘客在舱门关闭前才登机，他告诉我他其实应该坐前一班飞机，但他的中转飞机迟到了。他看起来很忙，所以我礼貌地打了个招呼以后就没有再说话，直到航程快结束前供应晚饭时，我才开始和他聊天。我当时是去伦敦接受一次电视访谈，对此我毫无经验，特别紧张。访谈对象是一个非常有影响力的制药公司伊姆诺的负责人，这个公司的研究人员在他们位于奥地利的实验室里用黑猩猩开展了人类免疫缺陷病毒研究实验。他们已经对 71 个对他们实验室环境提出质疑的个人和团体发起了 71 起诉讼。那是 1987 年，我可能是疯了，或者说傻得可以，居然答应上电视进行这种对质。结果，原来我的邻座是卡斯滕·施密特（Karsten Schmidt），我没记错的话，他当时是贝克·麦坚时国际律师事务所的主席。他告诉我不用担心，如果对方起诉我，他会无偿接手我的案子！再后来卡斯滕加入了珍·古道尔研究会英国董事会，负责章程起草，当了很多年我们的董事会主席。是巧合让我们这两个本来都没有计划上这趟航班的人坐在了邻座吗——而且是整个飞机上最后两个座位？如果我没有主动开口对话，那这个机会也就失去了。”

“你总是会留意机会吗？”

“对，哪怕是很累的时候，我也会在心里问自己，我会在飞机上或者会议上坐在这个人旁边，是不是有什么原因？总之，付出一点努力是值得的，万一有其原因呢。我那样认识过好些有趣的人，其中一些成了我的朋友和支持者。”

“所以你认为你会遇见谁总是有原因的吗？”

“这个，其实我也不知道。但我喜欢思考事情是如何发生的。想想看，每一个人的诞生都是源于一系列的事件和相遇。就拿丘吉尔为例吧。事情开始于迷雾重重的过去，一个男人遇到一个女人，他们结婚，然后有了一个女儿或一个儿子，这个孩子长大后又有了属于自己的邂逅，生下了自己的孩子。所有这些事件和结合延续下来，才给这个世界带来了一个丘吉尔。”

“或者是一个希特勒。”我说道。珍似乎相信命运或者定数，但我有些犹疑，并对珍如实相告。

“我并不相信命运或定数。我相信自由选择，”珍表达了不同意见，“莎士比亚对此有一个美妙的描述：‘要是我们受制于人，亲爱的布鲁图，那过错并不在我们的命运，而在我们自己。’我相信当一个机会出现时，你要么抓住它，要么弃之不顾——或者根本无知无觉。如果过去几个世纪的人们做出了不同选择，那么不管是丘吉尔还是希特勒都不会存在。”

“也不会有你和我。”我说。

我停下来想了一会儿。这给了我一个感觉——我原来是一长串绵延的爱与心碎、渴望和苦难的一部分，让我有了一个看待我个人痛苦的全新视角。这还让我感觉到我并不孤单，我的生命也不全是为这一个小我。我是一个比我自己更伟大的东西的组成部分——但我不知道这一切是否早有安排。

“我觉得，你打心底里相信‘伟大的精神力量’，正是你许多超凡力量和决心的源泉，”我说，“你是怎么调和精神取向和科学头脑的呢？”

精神进化之旅

“当你谈到灵性时，很多人会想到情感奔放、拥抱大树的嬉皮士之类的，这让他们感觉不适，或者根本不想继续聊下去。但现在已经有越来越多的人意识到我们正变得愈加物质主义，需要在精神上与自然世界重新建立联系。我认为人们是渴望超越自私的消费主义的，我本人也认同这一点。从某种角度来说，我们与自然的脱节十分危险。我们觉得我们可以控制自然，忘了最终是自然控制着我们。”

突然，珍说她刚发现已经中午 12 点半了，到了带家里那只上了年纪的惠比特犬“豆豆”午间散步的时间。“当然它自己也能进去花园，”珍说道，“但它养成习惯了。不会花太长时间的。但我需要来点饼干和咖啡。给我 30 分钟的休息时间吧。”我也很高兴有时间去吃点东西，同时整理整理我的思路，准备最后几个问题。

珍说到做到，30 分钟后准时出现在屏幕上。我重拾对话，说我想回到刚才关于道德和精神发展的话题上。

珍很快接起了话头。

“嗯，作为一个物种，我们人类正沿着道德进化的道路前进。我们会辩论是与非、作为个体应如何对待他人和社会，以及建立民主政体的种种努力。也有人同时在精神进化的路上向前走着。”

“道德进化和精神进化的区别何在？”我问道。

“我认为道德进化是我们对处世方式的探索，包括对他人的态度，如何理解正义，如何理解对社会公平的需求。精神进化则更多是一种对世界起源和造物主这一奥秘的思索，去追问我们是谁，我们为什么在这里，了解我们如何构成了这个神奇自然世界的一部分。莎士比亚对此同样有一句经典表述：‘当于溪中寻书，石上闻道，访善于万物。’当我面对大自然令人叹为观止的美，心中充满惊奇和敬畏的时候，我多少能感觉到莎翁话中的含义——比如目睹壮美落日的时候，比如阳光伴随着鸟鸣穿过林冠的时候，还有我躺在安静的地方让目光向上再向上，一直看向天庭，直到星星从沉沉暮光中亮起的时候。”

我能感觉到珍深深地沉浸在她描述的那些美好经历中。当她再次看向我的时候，我问她是否觉得黑猩猩也产生过类似的感受。

“如果食物充足，黑猩猩填饱肚子之后当然也有时间思考。当我看着它们透过树冠凝视着什么，或躺在舒适的窝里准备入眠时，我总想知道它们在想什么，是不是也有片刻闲暇对下一顿饭去哪里吃做做计划。我确实觉得它们可能也有类似的好奇或者说敬畏。如果有，那可能是一种非常纯粹的灵性——或者至少是我们正在讨论的这种灵性无法用言语描述的前身。

“贡贝有一个非常壮美的瀑布，叫卡孔贝瀑布。一线溪水从83英尺，也就是大概25米高处一泻而下，顺着崖壁上冲刷出的垂直深沟落到崖底坚硬的灰色石头上。瀑布在深深的岩石河床上发出隆隆之声，落下的水流激荡着空气生出阵阵微风。黑猩猩群偶尔会来，在靠近瀑布时它们会兴奋得毛发直竖，然后开始一场奇妙的表演：挺身站着，左摇右晃，弯腰捡起身前的石头扔进溪流，爬上悬挂在岩石上的藤蔓，然后荡进水汽充沛的微风里。这样的表演结束后，它们会坐下来凝视着瀑布，目光追随着湍流落下来再流过自己面前，看上至少十分钟。我坐在那里看着这个壮观的瀑布、听着它奔流而下的轰鸣时产生的惊奇与敬畏，它们是不是也体会到了呢？

“这总是让我想到言语的重要性，”珍继续说道，“如果黑猩猩真的有这种惊奇和敬畏之感，如果它们之间能分享这种感觉的话——你知道这会带来什么不同吗？它们可能会问彼此：‘这个似乎有生命的美妙东西是什么，不停地来，不停地去，又总是在这里？’你不认为就是这样的问题催生了万物有灵论和对瀑布、彩虹、月亮、星星的崇拜吗？”

“那么，你认为正式的宗教可能起源于万物有灵论的原始宗教？”我问道。

“这个我无法回答，道格。我得是一名宗教学学者才行，不是吗？”

卡孔贝瀑布（珍·古道尔研究会／蔡斯·皮克林）

“但你确实相信一种精神力量——一个造物主，或者说上帝，并且相信你出生在这个世界上是有原因的？”

“嗯,大概就是这样。实际上只有两种方式可以定义我们在地球上的存在，你要么同意麦克白说的生活不过是‘愚人所讲的故事，充满着喧哗和骚动，却找不到一点意义’——后来有愤世嫉俗者回应了这种感受，将人类的存在形容为不过是一个‘进化史上的愚蠢错误’——要么认同德日进的说法，‘我们是来体验人身的精神存在’。”

虽然我一般自认为是个世俗论者，并不信仰任何特定宗教,但珍说的话仍然感动并启发了我,让我很想了解科学家的观点是怎样的——目睹父亲的死让我有了一些悬在心中的问题，我想试着寻找答案。所以我催着珍再给我多说一说她的信仰。

“好吧，我不会试图说服任何人相信我所相信的创造宇宙背后的智能，那种如《圣经》里所说的，‘我们生活、动作、存留，都在乎他’的精神力量。我也没法向你解释我为什么相信——一切就是那么自然而然。信仰真正给予了我坚持下去的勇气。但也有很多遵循道德原则生活的人会同样努力帮助他人，并不是出于宗教或灵性的原因。我只是说说我个人的信仰罢了。”

珍告诉我，有很多科学家同样得出了宇宙背后存在着“智能”的结论，比如爱因斯坦。她也说到有更多的人愿意称自己为不可知论者，而不是无神论者。美国国立卫生研究院院长弗兰西斯·柯林斯曾带领团队开展人类基因组研究，希望解开它的奥秘。在这项工作开始时他还是不可知论者，但人类胚胎中每个细胞所接收到的异常复杂的信息让他不得不相信上帝的存在。一个细胞正是因为接受了特定的信息,才逐步发育为大脑、脚或者是肾脏的一部分。

我们就这个问题讨论了一会儿，珍坦白说她非常欢迎科学、宗教和灵性的这种融合。

“因为——道格你要知道，我想对于一些人来说，宗教就是他们唯一的希望。假设你在战争或者其他灾难中失去了一切，你一贫如洗，或者你到达了同意接受你的陌生国家，谁也不认识，也不会说那里的语言。能帮助到这些人的，我想也只有他们的信仰了。对上帝、安拉，或别的神祇和教义的坚定信仰，会带给他们坚持下去的力量。我那充满智慧的母亲曾告诉过我，我们之所以会谈论上帝，那是因为我出生在一个基督教家庭;如果我们是一个穆斯林家庭，那么我们自然会尊崇安拉。

“她说只会有一个至高无上的存在,也就是造物主——‘天与地的创造者’。如何称呼并不是很重要。”

“所以你认为天堂是存在的吗？”

珍笑道：“嗯，我想这取决于我们如何定义天堂，我不相信会有天使弹奏竖琴之类的东西，但我确信会有些什么。我们肯定会再见到那些我们爱过的人——当然还有动物！我们终将理解那些奥秘，因为我们已成为其中的一部分，成为那个宏大版图的一部分，并与之融为一体。我独自一人待在大自然里的时候有过近乎神秘的意识体验，我愿意把天堂想象为类似的样子。”

我没有料到这个关于天堂的问题会触发我们的访谈中最后一段尤为神秘又充满希望的对话，尤其是在我还为父亲的去世感到悲痛的时候。

我注意到珍有时会露出一种调皮又洞察一切的微笑，也就是我现在从她脸上看到的这种微笑，好像她心里装了一个秘密。

珍的下一场伟大冒险

“去年在我的一次演讲之后，有位女士向我提了个问题：‘你觉得你的下一个大冒险会是什么？’我想了一小会儿,然后突然意识到，那可能就是：赴死。我说出了我的答案。

“然后是一阵死一般的寂静，一些紧张的低笑声。于是我说，好吧，你死的时候，要么是什么都没有了 —— 如果是这样那也不差 —— 要么是会有点什么，如果有点什么发生，我相信没有什么是比这个发现更大的冒险了。

“后来那位女士走过来对我说：‘我从来都没有考虑过死亡，但谢谢你，现在我能用一个不同的视角去看待它了。’从那以后，我在好几次讲座中提及过这个话题，也总是收获非常积极的反馈。顺便说一句，我总是会强调这只是我个人看待死亡的方式，我完全不会期望所有人都和我有同样的感受。”

我回想起父亲患病和去世的过程，那是一个癌细胞顺着他的脊椎和大脑不断扩散的残酷过程。

“那么你认为人们害怕的是疾病，即死亡的过程，而不是真正的死亡？”我问道。

“嗯对，”珍说，“是对一系列问题的担心：什么会置我们于死地，我们会得哪种可怕的疾病，会不会痴呆或卧床不起，完全无法自理 —— 我们都会害怕这些。但死亡本身完全是另一回事。我的外祖母丹妮 97 岁的时候，因为患有支气管肺炎已经基本无法下床。一天晚上，妈妈给她送睡前的茶水，发现她正在读已故丈夫的信 —— 她以前总叫他‘拳击手’，而他离开已经 50 多年了。外祖母笑着说：‘我想你今晚应该给我写好讣告，亲爱的。’第二天早上妈妈进去的时候，外祖母安详地躺在床上，已经走了。她胸前抱着‘拳击手’所有的来信，用红丝带系着，边上附有一张便条 ——‘请在我的最后一次旅行中为我带上’。”

我们沉默了一两分钟，我能看见珍眼眶里盈满了泪水。

“珍，”我尽量轻柔地接了话，还想继续探索死亡和未来冒险的话题，“这是否意味着你相信轮回？”

“很多宗教相信轮回，”珍若有所思地说，“佛教徒相信我们有可能转世为动物，这取决于我们在觉醒之路上的位置。当然，印度教和佛教也都相信业力——遭遇不幸其实是在偿还前世造下的罪业。”

“老实说，我也不知道是不是这样——但我觉得如果我们来到这个星球上真是有原因的，那么肯定不会只有这一次机会。想想永恒，再想想我们朝露一样短暂的寿命，多不公平！而且你知道，”她笑着说，“我有时认为世界上发生的事情只是一个考验。说不定圣彼得会在天堂门口拿一台电脑打印出我们在地球上的生平，检查我们有没有用自己的天赋做好事呢！”珍大笑起来。

圣彼得充当考官，对我们在人间测试中的表现进行评判，珍描述的这个画面把我逗笑了。我想到了我父亲相信生活是一门功课，也想起了那则著名的犹太传说：有一位叫祖沙的拉比临终前在床上哭，别人问他为什么，他说：“我知道上帝不会问我为什么没有成为摩西或者大卫王，但他会问我为什么没有成为祖沙，那我该怎么回答呢？”我很喜欢这个故事，因为它提醒我们每人的功课都是独一无二的，我们每个人都应该用自己的方式去完成它。很明显，珍在这些问题上有过许多思索，她显然也相信死亡并不是终点。

“你知道吗，我父亲在去世前，感谢我陪伴他走上了他所谓的‘伟大的死亡之旅’，”我说，“和你一样，他肯定觉得事情远远没有结束。”我对珍说，我和儿子在不能进医院时曾和病床上的父亲进行视频通话（FaceTime）。杰西说他会想念和我父亲的视频通话，我父亲则回答说，不用担心，他走后我们可以打时空电话（SpaceTime）。

珍被我父亲的文字游戏逗笑了。“面对压力时幽默感太重要了。”她说。

“你会对那些认为死后什么都没有的人说些什么呢？”我问。

“嗯，首先，正如我刚才说的，我从来不想将自己的信念强加于谁。但我会告诉他们一些关于濒死体验的神奇故事。伊丽莎白·库伯勒-罗斯对这个课题开展过相当多的研究。她在书中写到一个在手术台上被宣布脑死亡后又苏醒的女人，她醒过来后，描述了很多她从手术台上不可能看到的周围人的动作，还有她是怎么‘盘旋在’房间上空低头看到这一切的。”

我对珍提到了布鲁斯·格雷森（Bruce Greyson），他对有过濒死体验的人开展了40年的持续研究，记录了颇多人们“死后”仍然保有某种不受大脑限制的意识的有趣故事。

“他还是一名年轻住院医师时，有一次在医院自助餐厅里把意大利面酱汁沾到了自己的领带上，”我说道，“过了一会儿，他去给一个吸毒过量被送到医院的年轻大学生做检查，因为没有时间换领带，所以就罩上白大褂遮住了污渍。令人惊讶的是，病人恢复意识后告诉他说在食堂见过他，还描述了他领带上的污渍。然而他在食堂期间，这个病人一直昏迷在病床上，而且有护工守着。”

“在那之后，他研究了许多人的濒死体验，包括见到不可能见到的人或者知道不可能知道的事，比如遇到从未听说过的亲戚等。他说，有过这样经历的人后来普遍相信死亡并不可怕，而生命将以某种形式在坟墓之外继续。这也改变了他们的生活方式，因为他们从此相信宇宙是存在目的和意义的。”

我对珍说，刚才她说的关于人生是测试的玩笑，格雷森相信可能是真的。

“他说，许多他访谈过的人经历过一种临终回顾，看到了自己的整个人生在面前闪回，”我说，“这让他们理解了许多事情发生的原委。很多人能看到他人的想法，或者别人为什么以某种方式行事。他提到一名卡车司机，这名司机曾经打了一个骂他的醉汉。在他的濒死体验中，他看到了醉汉因为刚刚失去了妻子伤心欲绝，才诉诸酒精并做出了出格行为。”

“这些故事都太神奇了，不是吗？”珍答道，作为一个渴望着探索几乎完全未知的领域的自然学家，她的眼睛里闪现出好奇的光芒，“但遗憾的是，这次冒险只有等我死后才会开始了。”

“不过，我还是有些证据的，”她补充道，“虽然不是科学意义上的证明——只是一次对我个人来说有说服力的经验，无关乎其他人是否相信。那是在德里克死后大约三个星期，当时我回到了贡贝，德里克、格鲁布和我曾在那里度过了许多快乐时光。那天我听着海浪声和蟋蟀的叫声，过了好久终于睡着了。后来我醒了——或者至少我以为我醒了，看到德里克站在那里。他微笑着跟我说了好像很长时间的话，然后消失了。我觉得我必须赶快把他说的话写下来，但念头刚一闪过，脑袋里就出现了巨大的轰鸣声，类似于晕倒前的那种状态。好不容易从这种状态中出来后，我又一次想要记录我听到的话，那种轰鸣和昏厥的感觉又回来了。终于停下来以后，德里克说的话我一个字也想不起来了。非常奇怪。我拼了命地回忆，因为他告诉了我想要知道的各种事情，大概关于他现在怎么样了，诸如此类的事情。但无论如何，我心中留下了一种平静的感受，他应该是在一个很好的地方。”

她告诉我，她遇到过一个有相同经验的人。那位女士对珍说:“如果再次发生这种情况，你做什么都行，就是不要试图起床。我丈夫死后也来看过我,我同样着急地要记下他说的话,就想下床去找支笔。我脑子里也出现了你描述的那种轰鸣声——第二天早上别人发现我昏迷在地板上。”

我问珍在她看来这是怎么回事。“我也不知道。但这位女士告诉我，她相信死去的人去了不同的平面，为了听到他们的声音，我们进入了那个空间。这样的经历之后返回我们所在的地球维度是需要时间的。”

“奇怪的是，在我见到德里克的那次经历之后，我有一种强烈的感觉——如果我全神贯注地注视着德里克喜欢的事物，海洋、风暴、飞鸟……如果我全身心地去感知它们，那么他就能够与我分享这些，就好像现在他在一个别的地方，或者如那位女士所说的别的‘平面’，他只能通过人类的眼睛知晓地球上的事。那段时间我的感受非常强烈。”

珍告诉我她通常不会谈论这些事情——说起来会觉得很奇怪，但在当时感受又如此真实。

"珍，最后一个问题。你觉得为什么那么多人会说你给了他们希望？"问出这个问题时，我想到了我死于自杀的大学老友，以及无数在绝望中痛苦挣扎的人。

"老实说我也不知道——如果我知道就好了。或许是因为人们感受到了我的真诚。我不畏惧说出严峻的现实，因为人们需要知道这些。然后我会列出关于希望的理由，就像我通过这本书所做的那样，如此一来，人们就会进一步了解到，如果我们及时采取共同行动，事情真的可以变得更好。一旦他们意识到他们的生命可以创造不同，他们就有了一个目标。然后，我们前面已经说到过了，拥有目标是一切改变的起点。"

"我想我们这场关于希望的对谈到了收尾和告别的时候了。至少是暂时告别，"我说，"谢谢你，珍。这是一次对希望的精彩探索。"

"我很享受我们的对谈，"她说，"也很喜欢头脑被挑战的感觉。"

"我不仅头脑遭到了挑战，我的心也打开了，萌生了新的希望。"我回应道。

"稍等，"珍说着，然后把笔记本电脑带到窗边，"我想再让你看看一个特别的存在，一位自从我5岁时来到桦树庄园就一直陪伴我的老朋友。就在那儿——你能看到吗？"

它就在那里，珍专门为外祖母手写了遗嘱，请外祖母签字同意由她继承的那棵山毛榉树。我看向暮色四合的花园，还能辨认出它那黑色的轮廓。我想，我们用一棵山毛榉树来结尾真是再合适不过了。它们从上一个冰期存活至今，被视为英国的

珍在山毛榉树上，它是珍儿时最亲密的伙伴之一（珍·古道尔研究会/古道尔家人提供）

树中女王。

“我知道太暗了你可能看不清，”珍说，“我来给你形容一下吧。它有光滑的灰色树皮，叶子最近刚从绿色变成了秋天会有的柔和的黄色或橙红色。差不多要开始落叶了。”

“它一直站在这里，”珍继续说道，“比我小时候记得的高得多了。我现在爬不上去啦，但我可以在午餐时间坐在它下面吃三明治。”

“也许新冠肺炎疫情结束后，有一天我也能加入你，一起享用山毛榉树下的三明治。”我说。

“我们总是可以抱有希望的。”珍说。

“嗯，我觉得这句话绝对给了我们的对话一个完美的结束语。”我说。

我们挥手告别后，我合上了笔记本电脑，想着远在世界另一边的珍。她今天的工作结束了，但我知道明天她又会继续——通过各种视频会议软件，继续给这个世界传递它急需的承载希望的讯息。“祝你好运，珍。”我默念道。我感觉到我心里又升起了一个希望，那就是她还有气力继续生活很多很多年，我也知道总有一天她会准备好望远镜和笔记本，开始她的下一场伟大冒险。而我们所有人身体里燃烧着的人类的不屈精神，终将带领我们达成她所未竟之事。

结语

一则来自珍·古道尔的希望的讯息

这是珍设在古道尔家老宅桦树庄园里的“工作室”，珍在疫情期间一直被“禁足”在此。它同时也是珍的卧室［雷·克拉克（Ray Clark）］

亲爱的读者：

现在是二月，今天早上外面格外冷，还刮着风，我在伯恩茅斯的家中给你们写这封信。今天正好是农历新年的开始，我所有的中国朋友都发来了拜年信息，大家都对新年会更好充满了希望。大约一年半以前，道格和我在我坦桑尼亚的家中开始了这次关于希望的对谈。这是怎样的一年半啊。首先道格到现在也没去成贡贝，当时他因为父亲重病匆匆赶回了美国。我们的第二次对话倒是按计划在荷兰进行了。第三次本来想放在伯恩茅斯，这样道格可以看看我长大的地方，但由于新冠肺炎疫情的扩散，这次旅行先是推迟，后来只好取消了。直到目前，这场疫情依然在全球肆虐。

可悲的是，研究人畜共患病的专家其实早就预测过这种大流行的发生。大约75%的人类新发传染病与我们和动物的互动有关，新型冠状病毒肺炎很可能就是其中之一。当某种细菌或病毒等病原体从动物转移到人类身上时，它们会开始与人体细胞结合，由此就可能会导致一种新的疾病。何其不幸，新型冠状病毒具有高度传染性，传播速度也很快，没用多久就席卷了全球几乎所有的国家。

要是我们听从了研究人畜共患病的科学家的告诫该多好。他们早就提醒过，如果我们不建立起对自然和动物的尊重，发生这种流行病就是不可避免的。但是他们的警告被忽略了，我们没有听，而现在我们正在付出可怕的代价。

随着栖息地被破坏，动物被迫与人发生了更多的接触，从而为病原体引发人类新发传染病创造了条件。随着人口的增长，为了获得更多居住地和农用地，人和牲畜越来越多地进入了残存的荒野地区。动物不断被捕猎、被杀害、被食用，整只动物或者它们的身体部分——同时也携带着病原体，被非法贩卖到世界各地。人们将它们在野生动物市场上出售以换取食物、衣服、药品，或者将它们作为异国宠物进行买卖。绝大多数这种市场的状况不仅极其残忍，也极其不卫生——到处都是高度紧张的动物的血液、尿液和粪便，于是病毒就有了传播给人的绝佳机会。有人认为这种流行病就像之前的严重急性呼吸综合征（SARS）一样，源头是野生动物市场。人类免疫缺陷病毒1型（HIV-1）和人类免疫缺陷病毒2型（HIV-2）的传播源于被猎杀后作为丛林肉在中非地区野生动物市场出售的黑猩猩。埃博拉病毒则可能是从吃大猩猩肉开始传播的。

我们为生产肉类、牛奶和鸡蛋养殖了数以十亿计的畜禽，它们可怕的生存条件也滋生了新的疾病。其中有传染性疾病，如诞生于墨西哥一间工厂化农场的猪流感病毒；也有非传染性疾病，如大肠杆菌、葡萄球菌和沙门菌等引发的疾病。请别忘了我一直强调的，所有动物都是有性格的个体。许多动物有着高度发达的智力，尤其是猪。每头猪都知道恐惧和痛苦，也能感觉到疼。

分享我们那些美好、积极的发现和努力是很重要的。在世界各地的各种封锁之中，交通减少，许多行业停工，化石燃料的排放量明显下降。一些大城市里的人也许是生命中第一次可以奢侈地呼吸新鲜空气，或者在夜晚看到闪耀的星光。很多人欣喜地分享了他们在噪声减少后听到鸟儿歌唱的喜悦。野生动物开始在城镇的街道上出没。这些虽然都是暂时的，却帮助更多人了解了这个世界可以有多美好，或者说，应该有多美好。

新冠肺炎疫情中还涌现出了许多英雄，如医生、护士和卫生保健工作者，他们冒着生命危险，为拯救他人而不知疲倦地战斗，很多人甚至为此而献身。很多地方形成了新的邻里互助精神。在意大利的一个城市，人们在阳台上轮流诵唱歌剧咏叹调来振奋精神。有许多精彩的电视节目面世，其中我特别喜欢的是一个著名管弦乐队为植物“观众”表演的视频，每一盆植物都是从附近的植物园里带来的，都被好好地放在一个座位上。在演出圆满结束的时刻，所有乐手以极好的仪态和极为尊重的态度起立向他们的花园听众鞠躬致谢。还有一个是，动物园的企鹅们被请到了美术馆自由漫步。

人类的智慧也在发挥作用。人们发明了各种方式以通过网络相互联结。珍·古道尔研究会第一次举行了虚拟全球会议，我本来以为效果不会好，但尽管我们不能面对面说话，分享欢乐和拥抱，只是一起在线上出现，会议还是进展得很顺利。我们还省了很多钱。今天通过各类便利的信息技术举行会议和商务洽谈已经再正常不过。所有这些都为我们的适应性和创造力提供了绝佳例证。

当然，航空公司和酒店的情况特别令人担忧。在一些国家，偷猎野生动物的行为有所增加，原因是缺乏游客带来的酒店业收入。通常巡逻野生动物公园的护林员工资都依赖捐款发放，现在也没了着落。这一切都凸显了用我们的创新、聪明的头脑、理解力和同情心去创造一个更可持续、更合乎道德的世界的重要性。在这个世界上，每个人都应该能够体面地生存，同时与自然和谐地共处。

事实上，已经有更多人意识到，我们需要与动物和自然世界建立一种包含更多尊重的新型关系，也需要一种更加可持续的新型绿色经济。很多迹象都表明这种转变正在发生。公司开始考虑如何以最合乎道德的方式来采购材料，消费者也会更周全地考虑自己的生态足迹。中国已经禁止食用野生动物，并且有可能同样禁止野生动物身体部分入药，政府已将穿山甲鳞片从中国药典中移除。国际上正在为终止非法野生动植物贸易做出巨大努力。但我们依然有很长的路要走。

还有一些国家的民间发起了许多运动，敦促政府逐步淘汰工厂化养殖。对肉类的消费越来越少，越来越多的人开始转向植物性饮食。

自去年三月以来我就被“禁足”了，开始了和我妹妹朱迪、她女儿皮普和她的外孙——22岁的亚历克斯和20岁的尼可莱——共同生活在伯恩茅斯的日子。大部分时间我都待在我斜屋顶下的小卧室兼办公室兼工作室里。也是在这里，我和道格在线完成了最后一次谈话。

起初我是沮丧和愤怒的。我感觉非常糟糕，因为我不得不取消很多讲座，让很多人失望。但我很快意识到，我必须去面对这些不可避免的情况，于是决定与珍·古道尔研究会的一小群员工一起打造一个线上的“虚拟珍”。很多人写信给我，希望我在被迫居家期间好好放松，利用时间去冥想，积攒新的力量。

皮普、朱迪和珍在桦树庄园春季的花园里，旁边是珍的山毛榉树［汤姆·葛兹内（Tom Gozney）］

可事实上，就像我对道格说的，我一生中从来没这么忙过，简直筋疲力尽。我向世界各地发送视频消息，通过 Zoom、Skype（网络通话软件）、网络研讨会（webinar）或其他技术方式参加会议，接受采访和录制播客，还开发了我自己的"希望频道"！

筹备和举办在线讲座是最难的，你必须得想方设法在演讲中放入恰如其分的能量，去感染你看不见的观众。没有观众席热情的反馈，你只能对着电脑摄像头那个小小的绿灯说话。这真的很难。当你对屏幕上的观众说话时，你得强迫自己不要看他们的图像，而是看这个小绿灯，这样对方才能感觉到你是在对着他们说话。

我也非常想念和朋友们在一起的时光。之前我总是在路上的时候，在讲座、新闻发布会和参加高层会议的间隙，我会与朋友们在晚上欢聚，共享印度菜外卖和红酒——当然还有威士忌！那时我也有机会去看一些非常棒的地方，结识众多激励人心的人。如今"虚拟珍"满满的日程里完全没有间隙——只有日复一日地盯着电脑屏幕，对着网络空间说话。

但也总有好的一面。我的网络听众已经数以百万计，不论是在数量上还是所覆盖的世界区域上都已经超过了我本人通过旅行能达到的极限。

在我与道格的最后一次视频对话中，我带他"参观"了我的房间，给他展示了许多我旅行的照片和其他纪念品。其实这座房子里几乎每个房间都有很多可看的东西，我是被人生不同阶段的各种纪念物包围着的。在这座建于 1872 年的全家人都很喜欢的房子里，满是塑造了我一生的旅行、人和事物的印迹，随时能唤醒我的记忆。这里有我的根，是它们滋养了一个害羞又热爱自然的人，让她成长为一个希望的使者。

当我在 2021 年这个又冷又湿的日子里给你们写信时，许多国家正在遭受传染性更强的新冠病毒变异毒株的袭击。它们搭上便车，跟着不加防备的人类宿主旅行到全球各地，导致了更多的绝望。所以，毫不意外地，我们的大部分注意力集中在了控制这场新冠肺炎大流行上。

作为一名使者，我想传达一个非常重要的信息：我们不能因此而忽略了对我们的未来有更大威胁的气候危机和生物多样性的丧失。如果我们无法解决这些威胁，那么我们所知的地球生命都将走向终结，包括我们人类自己。如果自然世界消亡了，人类又毛将焉附！

在我有生之年，我们战胜了纳粹主义，尽管法西斯主义残余正在重新浮出水面。我们也化解了巨大的核危机，躲过了世界末日式的核灾难，尽管核武器的威胁仍然存在。现在我们不仅要战胜新冠病毒和它的变种，也要扭转气候变化和生物多样性消失的趋势。

说来也奇怪，我的人生就像夹在世界大战中间的三明治。一开始我们面对的是人类公敌希特勒的纳粹军团，那时我还是个孩子。而在我快要跨过 90 岁的当下，我们必须击败的敌人有两个：一个是看不见的微观敌军，另一个则是我们自己的愚蠢、贪婪和自私。

我想传达的希望的讯息是：现在你们已经读完了这本小书中的对话，已经知道我们可以赢得这些战役，知道我们的未来是有希望的——我们星球的健康、我们的社会还有我们自己都同样有希望。但前提是我们要携起手来，汇聚力量。我同时也希望你们明白采取行动的紧迫性，我们每个人都需要尽一份力。请你们相信，尽管困难重重，我们必将取得胜利。因为如果你连这都不相信的话，你将会失去希望，冷漠和绝望会将你填满，让你只会袖手旁观。

我们必将战胜疫情，因为我们的科学家用不可思议的人类智识以创纪录的速度研发出了疫苗。

如果我们携手同行，运用我们的智慧，扮演好自身的角色，我们每个人都能以某些方式去减缓气候变化和物种灭绝。请记住，作为个体，我们每天都能做出改变，数以百万计的个人道德选择和行动定将带领我们走向一个更加可持续的世界。

我们应该感恩自然惊人的韧性。我们也可以去帮助大自然恢复，不仅仅是通过大型生态修复项目，我们个人所选择的生活方式和对环境足迹的考量，都是让大自然得以恢复的强大力量。

全世界青年的行动、决心和活力让未来充满了希望。他们站出来反对气候变化以及社会不公和环境不公的时候，我们都可以尽最大努力去鼓励和支持他们。

最后，请记住我们被赋予的不仅仅是聪明的头脑，还有充分发展的爱与同情的能力和不屈的精神。我们都有这种斗志，只不过有一些人暂时没有意识到这一点。我们可以尝试培育它，给它一个张开翅膀去广袤世界为他人带去希望和勇气的机会。

否认问题的存在是无益的，也无须羞于面对我们给世界带来的伤害。你只需要专注于做你能做的事情，并且把它们做好，这就会带来根本的不同。

有一次我访问了坦桑尼亚，那里是“根与芽”项目的发源地，我参加了一个活动，附近所有的“根与芽”小组都参加了。大家聚在一起分享他们的项目，互相认识，现场氛围热情洋溢，充满欢声笑语。

活动结束时，在场所有人聚在一起喊出“我们一起一定能”，喊出了他们一起努力让世界更好的决心。我拿起麦克风对他们说道：“是的，我们完全可以。但是我们会去行动吗？”他们先是吃了一惊，但想了想，马上明白了我的意思。我带领他们一起激昂地宣誓:“我们一起一定能,我们说到做到!”这次会议落幕了,但这句话后来传播到了其他国家,我有时也会以这句话来结束我的讲座。我曾在欧洲第二大音乐节上做过一个简短的演说,观众大约有16 000人。我请他们加入我一起吹响行动的号角,台下虽有回应但不算热烈。我告诉他们“小学生都做得比你们好,再来一次”。当时全部的人都站了起来,喊声响彻夏季温暖的夜空,现在想起这一幕我还是会起鸡皮疙瘩,心里的感动难以形容。

后来,2020年年初在达沃斯也上演了同样的场景,这就更棒了。当时我的听众是大公司手握重权的首席执行官们,也有少数政治家及其他与会者。他们最初的反应同样很克制,但我告诉他们,我本来期待着他们会拿出更多的热情来展示对变革的承诺。于是他们都站起来给出了响亮的回应,接着是长时间的掌声。那一刻,眼泪涌上了我的眼睛。

我们一起一定能!我们说到做到!

是的,我们可以,而且我们会去行动——因为我们必须行动。天生我才必有用,让我们运用我们的天赋共建一个更美好的世界吧,看在我们的孩子和他们孩子的分上,看在那些在贫困中挣扎的人的分上,看在那些孤独者的分上,看在自然世界中我们的兄弟姐妹,也就是飞禽走兽、花草树木的分上。

请你务必迎击挑战,激励和帮助周围的人,发挥好你的作用。请你找到属于你的希望的理由,并让它们指引你向前。

谢谢你们!

珍·古道尔

致谢

来自珍：

我如何才能恰当地感谢87年来所有在我前进的路上帮助过我的人，在艰难时刻支撑我继续前进的人，鼓励我做到我以为我做不到的事情的人呢？

当然，我必须从我无与伦比的母亲和家人开始，他们的角色在本书中已经得到了很好的描述。拉斯蒂，它教会我认识到人类是动物王国的一部分。路易斯·利基，他给了我实现梦想的机会，对那个仅凭一腔热血深入野外研究黑猩猩行为的年轻女孩始终充满信心。莱顿·威尔基（Leighton Wilkie）为我提供了在野外最初6个月的资金。灰胡子大卫，它允许我观察它使用和制作工具，这种观察让美国国家地理学会深感兴趣，因此持续资助了我的研究。真的太感谢了。我的第一任丈夫雨果·范拉维克，完全有赖于他的影片和照片，我才能说服当时的动物行为专家相信我们人类并不是唯一具有个性、头脑和情感的动物。

有许许多多的人和动物加深了我对周围世界的理解，在我的人生旅途中为我提供了帮助。如此种种，不胜枚举。来到贡贝的学生和科学家丰富了我们对黑猩猩和狒狒行为的认知，在此我要单独指出安东尼·柯林斯博士，因为他自 1972 年就和我在一起共事，帮助我维持贡贝的工作，并一直为我在坦桑尼亚、布隆迪、乌干达和刚果民主共和国的差旅给予帮助和支持。我的第二任丈夫德里克·布赖森为我延续贡贝的工作发挥了重要作用。他与坦桑尼亚政府的关系，让我们能乘坐军用直升机短暂进入学生遭到绑架后被封闭的贡贝。那时我只能待上几天，是当地的野外研究助理非常出色地将对黑猩猩和狒狒的跟踪调查继续了下去。

衷心感谢珍·古道尔研究会，以及我们在乌干达、坦桑尼亚、刚果民主共和国、刚果共和国、布隆迪、塞内加尔、几内亚和马里等国家的非洲项目的工作人员和志愿者。还要由衷感谢致力于改善动物园中动物福利的人们，特别是我们的钦穆蓬加（Tchimpounga）和黑猩猩孤儿保护所“黑猩猩伊甸园”的工作人员，还有另外几个我协助建立的保护区的工作人员，那些保护区包括恩甘巴岛、斯威特沃特和塔库加马（Tacugama）。

感谢以下人士在疫情期间给予我的支持，让我能够通过网络技术继续与世界各地的人联系：丹·杜邦（Dan Dupont）、莉莲·平泰亚（Lilian Pintea）、比尔·瓦劳尔、肖恩·斯威尼、雷·克拉克，以及创始人全球办公室（Global Office of the Founder）勤奋工作的团队——玛丽·刘易斯、苏珊娜·内姆和克里斯·希尔德雷思（Chris Hildreth）。我也非常感谢卡罗尔·欧文（Carol

Irwin）在我多次面临挑战的时候提供明智的建议。感谢玛丽·帕里斯（Mary Paris），她是我大量照片档案的守护者，有了她的耐心和神奇的技术，好多照片才能够出现在这本书里。还有一个特别的感谢要送给世界各地所有组织“根与芽”项目并采取行动的年轻人和那些已经不那么年轻的人，正是这场运动让我对我们共同的未来充满了希望。

接下来，请允许我感谢那些帮助这本书面世的人以及所有贡献了故事和照片的人。因为人数太多，所以我在此无法一一提及。道格和我最后一次面对面交谈是在荷兰，我们非常感谢帕特里克和丹妮尔在森林里找到了那个美妙的护林员小木屋，为我们提供食物和酒，还有丹妮尔烹制的美味佳肴。特别感谢你们。

还有那些承担了具体工作的人，包括青瓷图书出版社（Celadon Books）出色的团队，尤其是助理编辑塞西莉·范布伦-弗里德曼（Cecily van Buren-Freedman）。特别感谢出色的、给予我们极大支持的编辑兼青瓷图书出版社总裁和出版商杰米·拉布（Jamie Raab），杰米以她的关怀和细心指导了本书的出版，也忍受了多次因为我日程安排太满而导致的延误。此外，我想对过去经常与我合作的盖尔·哈德逊表示感谢，她在我努力写作又需要同时处理其他各种事情时给了我莫大的支持。谢谢你，盖尔。然后，如果我不向我的妹妹朱迪和她的女儿皮普表示敬意，我就太不应该了。她们负责购物和下厨，让我全身心地投入工作，支撑着我度过了这些艰难的日子。我非常感谢阿德里安·辛顿（Adrian Sington），是他鼓励我与道格合著一本关于希望的书。最后是道格。他是最开始想写这本书的人，用他极其深刻的问题挖掘出了好些我内心深处的想法。他耐心地根据我越来越失控的日程调整了他的时间安排，让我们终于能通过 Zoom 完成最后一次关于希望的意义和理由的讨论。

来自道格：

我在写这本书的过程中了解到希望是一种社会性礼物，有赖于我们周遭的人共同的培育和维持。我们每个人都有一张希望之网，在我们的一生中支持、鼓励和提升我们。我就曾得到过很多人的祝福和他们不计其数的帮助。

首先，我必须感谢我的母亲帕特里夏·艾布拉姆斯和我已故的父亲理查德·艾布拉姆斯，他们在我都不相信自己的时候依然相信我。此外，感谢我的哥哥乔和我的妹妹卡伦，他们是我终生的朋友和手足。

我的大家庭、老师、朋友和同事一直在我的人生旅途中陪伴在我身边，尤其是在我创作这本书，经历了父亲去世和儿子遭遇严重脑外伤的过程中。特别要感谢我的好朋友唐·肯德尔（Don Kendall）、鲁迪·洛迈尔（Rudy Lohmeyer）、马克·尼科尔森（Mark Nicolson）、戈登·惠勒（Gordon Wheeler）、查利·布卢姆（Charlie Bloom）、理查德·索南布里克（Richard Sonnenblick）、本·萨尔茨曼（Ben Saltzman）、马特·查普曼（Matt Chapman）和黛安娜·查普曼（Diana Chapman）。我还要感谢我在“观念建筑师”（Idea Architects）那群出色而有趣的朋友和同事，是他们帮助构思、设计并出版了这本书，包括伯·普林斯（Boo Prince）、科迪·洛夫（Cody Love）、斯塔奇·布鲁斯（Staci Bruce）、玛丽亚·桑福德（Mariah Sanford）、乔丹·杰克斯（Jordan Jacks）、斯泰西·谢夫特尔（Stacie Sheftel），特别是才华横溢、孜孜不倦地协助我开展研究和编辑的埃斯梅·施沃尔·韦甘德（Esmé Schwall Weigand），还有拉腊·洛夫·哈丁（Lara Love Hardin）和蕾切尔·诺伊曼（Rachel Neumann），他们一直以来都是我在文学森林的向导，和我一起致力于创造更明智、更健康、更公正的机构和世界。伯和科迪与我一同前往坦桑尼亚，是我最好的制作团队和旅伴，当我中途因为父亲入院需要离开时，他们给予了极大的理解。我还要感谢我们出色的外国版权团队——马什版权代理公司（Marsh Agency）的卡米拉·费里尔（Camilla Ferrier）、杰玛·麦克多纳（Jemma McDonagh）和布里塔妮·波林（Brittany Poulin），以及阿博纳·斯泰因（Abner Stein）文学社的卡斯皮安·丹尼斯（Caspian Dennis）和桑迪·维奥莉特（Sandy Violette），他们帮助我们与世界分享了这本书。没有我亲爱的朋友、同为作家的克里斯蒂安娜·菲格雷斯和汤姆·卡纳克（Tom Carnac）的关爱与牵线搭桥，这个项目就不可能存在。他们是《巴黎协定》的起草者，为人类争取到了一线生机，也定会为历史所铭记。是他们把我介绍给珍，并一路鼓励我推进这个项目的。

如果没有我才华横溢的妻子蕾切尔和我们的孩子杰西、凯拉和埃利安娜的爱与支持，我坚持不了这么久。三个孩子是我对未来最大的三个希望，他们每个人也都以自己独特的方式展示着年轻人的力量。

正如珍所说，与青瓷图书整个团队一起工作是一次无与伦比的经历，他们从一开始就看到了这本书的前景和潜力，包括塞西莉·范布伦-弗里德曼、克里斯蒂娜·米基蒂辛（Christine Mykityshyn）、安娜·贝尔·兴登朗（Anna Belle Hindenlang）、蕾切尔·周（Rachel Chou）、唐·韦斯伯格（Don Weisberg）、德布·富特（Deb Futter），最重要的是杰米·拉布。作为世界上最杰出和最有创意的出版商之一，杰米一直令我钦佩不已，与她一起工作从头到尾都很愉快。她以智慧、善良，以及对读者们的希望和梦想的深入了解，为本项目提供了帮助和指导。

我要感谢珍·古道尔研究会所有为这个项目提供了帮助的人，从我与苏珊娜·内姆的第一次对话到我和玛丽·刘易斯愉快的午餐都让我十分感恩。玛丽陪伴了这个项目的每一步，她以热情、洞察力和高超的本领在珍满得可怕的日程里奇迹般地挤出了时间。珍的作品经纪人阿德里安·辛顿是一位值得珍视的同事，他像催化剂一样使得本项目在如此多的困难和全球疫情之下得以落地。我们在伦敦书展的第一次见面是我人生中非常快乐的一段记忆。珍的长期合作者和好友盖尔·哈德逊，在我们将谈话整理成文时提供了极大的帮助，她对本书的完成发挥了指导性的作用，也成了我非常信赖的朋友和顾问。

最后，我要感谢珍。她通过这本书所展现出的自我，不啻交给世界的一份伟大礼物。我找到珍是因为她是一位自然主义者，她对世界的宝贵了解有必要为人所知。同时我还发现她是一位人道主义者，一位为我们人类和地球发声的智者。作为诗人和作家，她努力确保每一个词都传达了她最真实的想法，这种赤诚令人深受鼓舞。陪伴珍讲述她对人性最深切的了解，讲述希望为何是我们救赎的一部分，已成为我人生中最大的幸事之一。世界正经历不同寻常的苦痛，也前所未有地需要珍的指引。不论是一开始我在个人的悲痛中艰难跋涉的时候，还是在后来这场史无前例的、向我们所有人揭示了世界之脆弱和珍贵的新冠肺炎疫情期间，她都始终毫无保留地付出了她的时间、智慧和友谊。

延伸阅读

I
希望是什么？

如果想要更深入地了解珍的人生以及塑造她观念的经历，请参阅她的精神自传，《点燃希望：古道尔的精神之旅》（Warner Books, 1999 /上海译文出版社，2021）。关于她所做的黑猩猩相关研究的更多信息，请参阅她对贡贝黑猩猩的经典著述，《黑猩猩在召唤》（Houghton Mifflin, 1971 /科学出版社，1980）和《大地的窗口》（Houghton Mifflin, 1990 /北京大学出版社，2017）。

有关希望研究的更多信息，请参见查尔斯·斯奈德（Charles Snyder）的作品《希望的心理学》（*Psychology of Hope: You Can Get There from Here*, Free Press, 1994），沙恩·洛佩斯（Shane Lopez）的作品《让希望成真》（*Making Hope Happen: Create the Future You Want for Yourself and Others*, Atria Paperback, 2014），以及凯西·格温（Casey Gwinn）和陈·赫尔曼的相关作品《心生希望》（*Hope Rising: How the Science of HOPE Can Change Your Life*, Morgan James, 2019）。除此之外，还有一篇柯尔斯滕·韦尔（Kirsten Weir）为美国心理学会写的精彩短文，见 "Mission Impossible," *Monitor on Psychology* 44, no. 9 [October 2013], www.apa.org/monitor/2013/10/mission-impossible。

第一章里的一个观念，即当我们想到未来时，我们要么异想天开，要么踟蹰不前，要么怀揣希望，以及关于希望对学术成就、工作表现和整体幸福程度影响的总分析，分别出自洛佩斯上述著作的第16页和第50页。

在另一项研究中，莱斯特大学的心理学家对学生们三年多的跟踪观察显示，心怀更多希望的学生在学业上表现得更好。事实上，希望所发挥的作用比智力、个性甚至先前的学术成绩更重要(“Hope Uniquely Predicts Objective Academic Achievement Above Intelligence, Personality, and Previous Academic Achievement,” *Journal of Research in Personality* 44 [August 2010] : 550–53, https://doi.org/10.1016/j.jrp.2010.05.009)。还有研究人员在对45项研究的元分析中比较了希望和生产力之间的关系，那些研究考察了不同领域的11 000多名员工的情况（“Having the Will and Finding the Way: A Review and Meta-Analysis of Hope at Work,” *Journal of Positive Psychology* 8, no. 4 [May 2013]: 292–304, https://doi.org/10.1080/17439760.2013.800903)。他们得出的结论是，希望决定了14%的工作生产力，超过了智力和乐观等其他因素。

希望可以影响个人，也可以影响集体。通过一项对中等规模城市1 000位市民进行的调查，研究人员陈·赫尔曼发现群体希望是测算整个社区福祉水平最重要的指标。当他们用该项调查数据比对公共卫生数据时，发现个人希望和群体希望甚至可以用来评估预期寿命（Hellman, C. M., & Schaefer, S. M. [2017]. *How hopeful is Tulsa: A community wide assessment of hope and well-being*. 待出版）。

有其他研究表明，希望有可能会对我们的身体健康产生影响。得克萨斯大学健康科学中心（圣安东尼奥）的医生斯蒂芬·斯特恩和他的同事针对近800名墨西哥裔美国人和欧洲裔美国人开展了死亡率研究（Stephen L. Stern, Rahul Dhanda, and Helen P. Hazuda, “Hopelessness Predicts Mortality in Older Mexican and European Americans,” *Psychosomatic Medicine* 63, no. 3 [May-June 2001]: 344–51, doi: 10.1097/00006842–200105000–00003），当限定了性别、教育程度、种族、血压、体重指数和饮酒行为指标时，那些不太抱有希望的人三年内死于癌症或心脏病的概率是正常人的两倍以上。斯特恩认为，对未来的希望驱动着我们当下的行为，而我们在当下做出的选择决定了我们的寿命会更长还是更短。

对“希望循环”的组成要素的研究始于查尔斯·斯奈德，他在著作《希望的心理学》（Simon & Schuster, 2010）中将它们明确为目标、意志力（通常也称为能动性或信心）、路径力（通常也称为实现自己的目标的路径或现实方法）。凯·赫特（Kaye Herth）等研究人员制定了赫特希望量表（Herth Hope Index），将社会支持作为构成希望的基础要素之一（"Abbreviated Instrument to Measure Hope: Development and Psychometric Evaluation," *Journal of Advanced Nursing* 17, no. 10 [October 1992: 1251–59, doi: 10.1111/j.1365–2648.1992.tb01843.x）。

有关伊迪丝·埃格尔的更多信息，请参阅她的著作《拥抱可能》（*The Choice: Embrace the Possible*, Scribner, 2017 / 电子工业出版社，2020）和《越过内心那座山》（*The Gift: 12 Lessons to Save Your Life*, Scribner, 2020 / 新华出版社，2022）。

II
珍·古道尔：希望的四个理由

理由 1：
不可思议的人类智识

有关希望和乐观的神经科学的解释，请参阅塔利·沙罗特（Tali Sharot）的著作《乐观的偏见：激发理性乐观的潜在力量》（*The Optimism Bias: A Tour of the Irrationally Positive Brain*, Pantheon, 2011 / 中信出版社，2013）。沙罗特指出的下面这一点也被珍提到过：人类的前额皮质比其他灵长类动物的更大，很有可能构成了人类智力的神经学基础，这个部位对于语言、目标设定以及希望、乐观的情绪发挥着关键作用。沙罗特将前额皮质一个特定的部分，即前扣带回喙部（rostral anterior cingulate cortex，rACC）确定为大脑中影响情绪和动机的组成部分，因此它也可能有助于人产生希望。她的研究表明，一个人越乐观，就越可能以非常生动和翔实的方式想象积极的未来事件。当被试想到积极事件时，这部分大脑就被激活得更多，并且可能会连接和调节杏仁核（大脑中一个古老的与情绪相关的结构，尤其是恐惧和兴奋的情绪）。当他们想象负面事件时，乐观者的前扣带回喙部似乎可以平息恐惧；当他们想到积极的事件时，该部分则更加兴奋。这可能就是洛佩斯所说的人类是希望和恐惧的混合体（Lopez, p. 112）这一论断的神经学基础。

有关树木的智能和交流的更多信息，请参见苏珊娜·西马德的著作《森林之歌》（Alfred A. Knopf, 2021 / 中信出版社，2022）和彼得·渥雷本的著作《树的秘密生命》（Greystone Books, 2016 / 译林出版社，2018）。

理由 2：
自然的韧性

更多有关自然韧性的故事以及珍讲述的一些故事的详细信息，请参阅珍的著作《希望：拯救濒危动植物的故事》（Grand Central Publishing, 2009 / 上海科技教育出版社，2011），以及《希望的种子》（Grand Central Publishing, 2014）。

有关生物多样性的急剧消失和物种的快速灭绝，请参见联合国 2019 年 5 月发布的报告："Nature's Dangerous Decline 'Unprecedented'; Species Extinction Rates 'Accelerating,'" Sustainable Development Goals, www.un.org/sustainabledevelopment/blog/2019/05/nature-decline-unprecedented-report/。

有关气候变化对心理健康影响的美国心理学会报告，请参阅惠特莫尔-威廉斯讲席教授苏珊·克莱顿、克里斯蒂·曼宁、基拉·克雷格斯曼等人（Susan Clayton Whitmore-Williams, Christie Manning, Kirra Krygsman, et al.）的文章："Mental Health and Our Changing Climate: Impacts, Implications, and Guidance," March 2017, www.apa.org/news/press/releases/2017/03/mental-health-climate.pdf。

有关生态系统恢复能力的更多信息，请参阅耶鲁大学林业与环境科学学院的霍利·P. 琼斯和奥斯瓦尔德·J. 施密茨的研究"Rapid Recovery of Damaged Ecosystems"(*PLOS ONE*, May 27, 2009, https://doi.org/10.1371/journal.pone.0005653)。这份对总体时间跨度约 100 年的 240 项独立研究的综述显示，生态系统可以在污染源消失和破坏停止后逐渐恢复。他们所研究的生态系统恢复的时间跨度从10年到半个世纪不等：森林平均恢复时长为42年，海底平均恢复时长为10年。如果存在不同种类的破坏源，环境平均需要56年才能恢复。但有一些跨过了崩溃临界点的生态系统再也没能恢复。虽然在更大的时间尺度下它们仍然有可能复原，但那已经基本与人类文明无关了。研究人员在具体解释其发现时称：即使是严重受损的生态系统，也可以在“人类有意识地”去恢复的情况下得以复原。

关于我们对自然的需求以及自然对人类健康和福祉的深刻影响的更多信息，请参阅卡奥米荷·图希格-本内特（Caoimhe Twohig-Bennett）和安迪·琼斯（Andy Jones）的“The Health Benefits of the Great Outdoors: A Systematic Review and Meta-Analysis of Greenspace Exposure and Health Outcomes”，此文中研究人员分析了涉及20个国家、2.9亿多人的140多项研究，发现花时间身处大自然中或靠近大自然生活会产生多种显著益处，包括减少2型糖尿病、心血管疾病、过早死亡和早产（*Environmental Research* 166 [October 2018]: 628–37, doi: 10.106/j.envres.2018.06.030）。大自然产生这种深刻影响的原因尚不明确，有一种理论是大自然似乎可以减少被试的压力，这种压力可以通过唾液皮质醇水平进行衡量。

芝加哥大学的环境神经科学家马克·伯曼（Marc Berman）和他的同事发现在街道上种植更多的树木有助于改善居民健康（Omid Kardan, Peter Gozdyra, Bratislav Misic, et al., “Neighborhood Greenspace and Health in a Large Urban Center,” *Scientific Reports* 5, 11610 [July 9, 2015], https://doi.org/10.1038/srep11610）。研究在排除了收入和教育等混合因素的影响后，得出的结论是，从健康状况上来看，居住在多10棵树的街道的人比居住在树木覆盖率较低街道的人要“年轻”7岁。伯曼还无法完全确定原因，但推测与空气质量和大自然提供的舒缓性审美体验有关。在另一项研究中，他发现单单在大自然中进行一次散步就能让工作记忆和注意力提高20%，此外人们也能从自然的图像、声音和影像中获得认知收益。（Marc G. Berman, John Jonides, and Stephen Kaplan, “The Cognitive Benefits of Interacting with Nature,” *Psychological Science* 19, no. 12 [December 2008]: 1207–12, https://doi.org/10.1111/j.1467–9280.2008.02225.x; Marc G. Berman, Ethan Kross, Katherine M. Krpan, et al., “Interacting with Nature Improves

Cognition and Affect for Individuals with Depression," *Journal of Affective Disorders* 140, no. 3 [November 2012]: 300–305, https://doi.org/10.1016/j.jad.2012.03.012.）

有关达沃斯世界经济论坛植树倡议的更多信息，请见“万亿棵树社区平台”(A Platform for the Trillion Tree Community, www.1t.org/)。为该倡议提供了科学背书和发起动力的《全球树木的生态恢复潜力》研究发表在《科学》杂志上，作者为托马斯·克劳瑟等人（Thomas Crowther et al., "The Global Tree Restoration Potential," *Science* 365, no. 6448 [July 5, 2019]: 76–79, https://science.sciencemag.org/content/365/6448/76)。

理由 3：青年的力量

有关“根与芽”项目的更多信息，请见 http://rootsandshoots.org/。

陈·赫尔曼的故事是通过一次电话采访转述给我的，可以在他的《心生希望》一书中找到相关段落。

理由 4：人类的不屈精神

关于贾海霞、贾文其和他们并肩植树的友谊的精彩视频，请参见“GoPro：一个盲人和他的无臂挚友在中国种出一片森林”（*GoPro: A Blind Man and His Armless Friend Plant a Forest in China*, https://haokan.baidu.com/v?pd=wisenatural&vid=15570686285281473724)，想了解更多内容，可参见 https://gopro.com/zh/cn/goproforacause/brothers。

III
成为希望的使者

有关濒死体验以及体验者对死后情况的说法，请参阅伊丽莎白·库伯勒-罗斯的经典著作《论死后的生命》(*On Life After Death*, Celestial Arts, 2008) 或布鲁斯·格雷森最近的作品《看见生命：一个医生的濒死体验研究报告》(*After: A Doctor Explores What Near-Death Experiences Reveal About Life and Beyond*, St. Martin's Essentials / 中信出版社，2021)。格雷森是濒死状态研究领域的领军人物，40年来一直从事相关经历研究。他研究的许多对象表示在濒临死亡时曾看到或了解到本不可能看到或了解到的事情，如见到之前没有听说过的亲戚。他表示，有过这样经历的人后来普遍相信死亡并不可怕，而生命将以某种形式于坟墓之外继续。这也改变了他们的生活方式，因为他们从此相信宇宙存在目的和意义。一些最吸引人的故事与珍所说的人生可能是一次测试相关。根据格雷森的研究，其中许多人曾经历过一种临终回顾，看到了自己的整个人生在面前闪回，让他们理解了人生中一些事件发生的原委。

关于弗兰西斯·柯林斯观点的更多信息，请参阅他的作品《上帝的语言：一位科学家构筑的宗教与科学之间的桥梁》(*The Language of God: A Scientist Presents Evidence for Belief*, Free Press, 2006 / 海南出版社，2010)。

关于珍·古道尔所开展工作的更多信息，请参见 www.janegoodall.org 和 www.rootsandshoots.org。

珍·古道尔的其他著述（括注里为已有中译本的译名）

My Friends the Wild Chimpanzees

Innocent Killers

In the Shadow of Man（《黑猩猩在召唤》）

The Chimpanzees of Gombe: Patterns of Behavior

Through a Window: My Thirty Years with the Chimpanzees of Gombe（《大地的窗口》）

Visions of Caliban: On Chimpanzees and People

Brutal Kinship

Reason for Hope: A Spiritual Journey（《点燃希望：古道尔的精神之旅》，与菲利普·伯曼合著）

Africa in My Blood: An Autobiography in Letters: The Early Years

Beyond Innocence: An Autobiography in Letters: The Later Years

The Ten Trusts: What We Must Do to Care for the Animals We Love

Harvest for Hope: A Guide to Mindful Eating (with Gary McAvoy and Gail Hudson)（《希望的收获：食品安全关乎我们的心灵》，与加里·麦克艾弗伊、盖尔·哈德逊合著）

Hope for Animals and Their World: How Endangered Species Are Being Rescued from the Brink (with Thane Maynard and Gail Hudson)（《希望：拯救濒危动植物的故事》，与塞恩·梅纳德、盖尔·哈德逊合著）

Seeds of Hope: Wisdom and Wonder from the World of Plants (with Gail Hudson and Michael Pollan)